U0830282

重新活在当下

Roman Krznaric

CARPE DIEM REGAINED

The Vanishing Art of Seizing the Day

〔英〕罗曼·柯兹纳里奇 — 著
李英松 — 译

北京联合出版公司
Beijing United Publishing Co.,Ltd.

图书在版编目（CIP）数据

重新活在当下 /（英）罗曼·柯兹纳里奇著；李英松译. — 北京：北京联合出版公司，2019.7

ISBN 978-7-5596-3176-3

Ⅰ.①重… Ⅱ.①罗… ②李… Ⅲ.①人生哲学—通俗读物 Ⅳ.①B821-49

中国版本图书馆CIP数据核字（2019）第076899号

CARPE DIEM REGAINED by ROMAN KRZNARIC
Copyright © 2016 BY ROMAN KRZNARIC
This edition arranged with Margaret Hanbury Agency (THE HANBURY AGENCY) through Big Apple Agency, Inc., Labuan, Malaysia.
Simplified Chinese edition copyright: © 2019 BY Beijing Odyssey Media Co., Ltd.
All rights reserved.
This Chinese edition of Carpe Diem Regained is an abridged and edited version of the original English version.
著作权合同登记号　图字：01-2019-2404

重新活在当下

作　　者：〔英〕罗曼·柯兹纳里奇
译　　者：李英松
监　　制：一　航
选题策划：航一文化
出版统筹：康天毅
特约策划：刘东灵
责任编辑：孙志文
特约编辑：袁旭姣
版式设计：林晓青
封面设计：吉冈雄太郎

北京联合出版公司出版
（北京市西城区德外大街83号楼9层　100088）
嘉业印刷（天津）有限公司印刷　新华书店经销
字数：215千字　880mm × 1230mm　1/32　8.5印张
2019年9月第1版　2019年9月第1次印刷
ISBN 978-7-5596-3176-3
定价：45.00元

未经许可，不得以任何方式复制或抄袭本书部分或全部内容
版权所有，侵权必究
如发现图书质量问题，可联系调换。质量投诉电话：010-82069336

富有洞察力，鼓舞人心！任何觉得时间过得太快、事情无法控制的人，都将在这本深思熟虑的书中重新振作起来。

——《男人来自火星，女人来自金星》作者

约翰·格雷

鼓舞人心，令人振奋，优雅而得体，及时纠正了从正念到工作狂的当代极端行为。

——《存在主义咖啡馆》和《阅读蒙田，是为了生活》作者

莎拉·贝克韦尔

我读这本书的时候既惊奇又有认同感。被遗忘的马蹄声总是在我耳边回响，以防有那么一刻，我被生活的诱惑分散了注意力。

——“伊甸园计划”创始人

蒂姆·斯米特爵士

生命是短暂的，脆弱的，我们需要抓住每一天，避免生活在遗憾中。

——《如何保持情绪健康》作者

菲利帕·佩里

年华匆匆，韶光一束。

朝朝暮暮，循环往复。

目 录

contents

第四章 – 把握机会的艺术

第五章 – 享乐主义再认识

第六章 – 不只专注现在

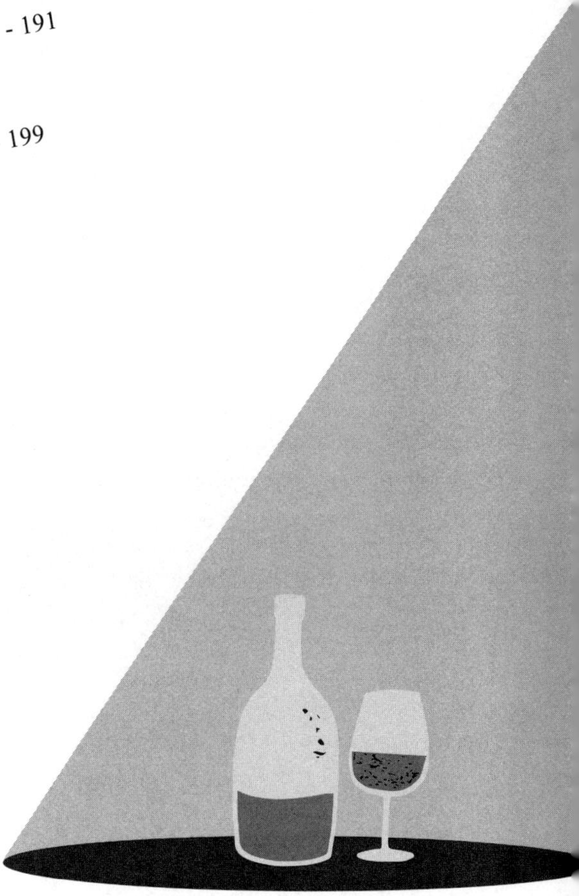

CARPE
DIEM
REGAINED

The
Vanishing Art
of Seizing
the Day

重新
活在当下

第一章

从贺拉斯到“活在当下”

2014年的一个夏日清晨，89岁的伯纳德·乔丹终于下定决心出逃。这位前英国海军军官将要前往诺曼底与其他“二战”老兵会合，一同参加登陆日70周年的庆祝活动。但有一个问题很棘手：他被“困”在了英国海滨城市霍夫的一家养老院里，根本无法获批出行。怎么办呢？伯纳德心生妙计。那天，他早早起床，穿上最称心的外套，认认真真地戴上自己获得的每一枚勋章，然后披上灰色雨衣掩人耳目，悄悄地溜了出去。出逃计划宣告成功！接着，他步履蹒跚地来到一英里以外的火车站，坐上开往朴次茅斯的最近一班列车。抵达后，又换乘渡轮前往法国。在船上，他与一众老兵成功“会师”，共同开启余下的旅程。

养老院的工作人员发现他失踪后，警察迅速在霍夫的大街小巷和当地医院展开地毯式“搜捕”。但为时已晚，此时的伯纳德已经跨过英吉利海峡，正在现场乐队和美丽舞女的簇拥下开怀畅饮。“每一分钟都是享受，我还会再来一次。真的非常开心！”他在返程途中感慨道，“我知道回去之后，养老院不会放过我，但一切都值了。我这么贪玩，肯定不会放过这样的机会。”[1]

伯纳德大出逃的故事迅速席卷英国各大媒体，把王室和各国领导人的年度演讲统统挤下头条。那家轮渡公司还提出免费赠送伯纳德前往诺曼底的摆渡船票，终生有效。但他却未能领受这份礼物：六个月后，他离开了人世。

为什么伯纳德的故事会引起如此轩然大波？在我看来，这不仅仅是出于对老兵和长者的敬重，更是人们对他在一闪即逝的机会面前所表现出的勇气的敬佩。良机昙花一现，他没有错过。老人去世后，一位网友在论坛中这样写道：“愿逝者安息……其实我挺为他高兴的，能逃脱一切，参加庆祝典礼……勇敢活在当下。”[2]

Carpe Diem——活在当下——是西方历史中最古老的哲学信条之一。最初由罗马诗人贺拉斯（Horace）于2000多年前提出，并一直在流行文化中引起非凡的共鸣。金属乐队曾以一首*Carpe Diem Baby*（《把握今日，宝贝》）躁动了全世界的歌迷；演员朱迪·丹奇（Judi Dench）81岁生日时在自己的手腕文上了“CARPE DIEM”字样。虽然大部分人都会被日常琐事所累，成为拖延症晚期患者，但谈及人生观时，还是会给出诸如“把握现在”“活着，就像没有明天”等格言。好莱坞佳片《死亡诗社》、20世纪最成功的品牌广告语Just Do It（放胆做）以及社交媒体标签“yolo”（你只活一次）等，均在传达着这样的信息。在全世界所有语言中，几乎都存在与这句拉丁语相等同的短语：日语中有“今を楽しめ”（享受现在），斯洛伐克老奶奶在教育年轻人时会说“*ži naplno*”（充实生活）。从公元1世纪犹太哲人希勒尔长老发问“此时不做，更待何时？”，到拉斯特法里教（Rastafarianism）圣者鲍勃·马利（Bob Marley）高唱*Wake up and Live*（《醒来生活》），“活在当下”始终是人们不变的追求。如果贺拉斯来到现今世界，定会吃惊地发现克罗地亚有一家人头攒动的酒吧就叫作“Carpe Diem”，还将诧异于无数时装界巨头推出与“Carpe Diem”相关的产品线，比如印有其字样的T恤。

Carpe Diem来自一种早已退出历史舞台的语言，网络搜索结果却多达250万条，不失为一种奇迹。同样令人诧异的是，尽管大多数人能解释“活在当下”的含义，但具体内容却不尽相同。有些人认为是伯纳德·乔丹面对千载难逢的机遇时所表现出的勇敢和果断；另一些则将其与享乐主义相关联，即让自己安心沉浸在此时此刻中。这种差异性源于对“Carpe Diem”的多种译法：通常译为“活在当下”，也会被解释为抓住或享受现在。尽管我们与朋友闲聊时，偶尔会提到“活在当下”，但对隐藏其后的认知差异又了解多少呢？

我撰写本书的初衷是揭示人们对“活在当下”的不同认知，探索这一信条所传达的多元化意义和信息、蕴藏其中的矛盾与负能量，以及其在个人生活和社会变迁中所承担的角色和作用。把“活在当下”作为研究对象，犹如将其视为诸如“爱”或“真理”一类的抽象名词，着实显得有些突兀。不过，我认为这是一种关于人生观的哲学理念，类似于快乐或自由。故此，本书采取的是对比写法，以期找出隐藏在背后的推动力，以及导致其难以实现的症结。“活在当下”最终解决的是对死亡的恐惧？是对人生短暂、时光飞逝的本能补救？抑或用来表达对自由和主宰人生的向往？对此，我持折中的态度。从中世纪的嘉年华习俗到冒险行为的心理因素和神经机制，从鸦片史到存在主义思想，都是本书涉猎的领域。我还会探访“活在当下”的杰出示范者，深入到舞者、战地摄影师和文学工作者等的生活中去。除了聚焦西方世界，本书还放眼全球，视线从日本京都的古老街巷一直望向巴西里约的现代繁华。在我看来，这是第一本有关“活在当下”理念的传记文学，该理念在日常生活中随处可见。

撰写本书期间，我有两项发现：其一，“活在当下”的意义已被绑架，严重削弱了它对人类生活的潜在影响力；其二，人类经过几个世纪的探寻，找到了“活在当下”的途径。如欲再现它的原本意义，就必须找回这几种方法。我期望大家能重新认识贺拉斯的格言，从而收获强大的精神力量。借用亨利·戴维·梭罗的名句——“跳进生活，享受所有”。[3] 不过，倘若未能达成所愿，那么蓦然回首时，我们心中可能会充满悔恨，哀叹生活本可以更精彩。所以，是时候解救“活在当下”的原本意义了。

1. 存在主义的世纪之“罪”

绑架“活在当下”是存在主义犯下的世纪之罪，我们却浑然不知。声称一位已故罗马诗人的一句话被绑架了，可能给人一种不知所云的感觉，但这绝非无中生有、空穴来风。那么，劫持者是什么人？抑或是什么组织呢？第一，“活在当下”的精神被消费文化悄悄地绑架了，异化为“黑色星期五”的购物狂欢，“放胆做”被演绎成“放胆买”。第二，对效率和时间管理的过分追求，促使人们过上一种“高度计划”的生活，摒弃了“放胆做”的自发与随性，退步为“放胆想”。第三，劫持者是无处不在的电子娱乐，鲜活的生命体验被闪烁的屏幕取代，造就新的浮躁时代，“放胆做”逐步妥协为“放胆看”。第四，尽管看似违反常理，“活在当下”被风靡全球的“正念疗法”绑架了。虽然事实证明正念疗法存在诸多疗效，比如减压和缓解抑郁等，但它无意中传达的理念之一，是将“活在当下”简化为此时此地的存在。“放胆做”沦落为“放胆呼吸”。

面对困境，“活在当下”的理念正从我们的眼前消失，如果袖手旁观，就会痛失人类两千年的智慧结晶。为此，我将仔细调查这起“绑架案”的始末，制定最佳的反击方案。

那么，如何解释我的第二项发现呢？好奇于人们对“活在当下”的不同诠释，我决定深入研究诸如“活在当下”“把握今朝”和“时不我待”等词语在艺术、科学、文学、流行文化和媒体行业中的呈现方式和使用情况。过程中，我研读了可以追溯到16世纪的数百份原始材料，并求助于一支搜索团队和牛津大学博德利图书馆的多个庞大数据库。[4] 很快，惊人的线索浮出水面，引出千百年来积淀下来的对“活在当下”的基本解读，也是人类“如何抓住每一天”的方式的集大成。

我把其中最主流的解读称为“时机”，即对转瞬即逝的机遇的把握能力，比如怎样度过职业中歇期或如何挽救破裂的感情。第二种解读是“享乐主义”，从恋爱到美食，借助感官愉悦充实度过每一天。第三种是“存在”，即通过冥想等方式度过此时此刻，也可延伸为较为剧烈的项目，比如极限运动、柔美舞蹈带来的紧张刺激或沉浸享受等。第四种是“即兴”，抛开所有计划和旧习，尝试更多新鲜的生活方式。

这几种解读未曾明确出现在任何一种精神传统或哲学体系中，也未进入过我们的视野。尽管有时和其他因素交织在一起，这五种解读却代表着一种清晰的文化走向。每一种解读都是人类智慧的结晶，用以对抗生老病死，充实度过美好年华。这样宝贵的财富被绑架了，难道算不上“重大案件”吗？因此，我们要重温这几种解读，找回文化瑰宝！

这项决定具有重要的历史意义。与以往任何历史阶段相比，人类的寿命和物质生活都达到了前所未有的高度。然而，西方社会在提供智能手机、便利出行和香醇咖啡的同时，却未能保障个体的幸福感——包括焦虑和抑郁在内的心理疾病肆意蔓延，对工作的不满情绪也频频爆表。尽管众多国家的国民收入都在节节攀升，但“生活满意度”却始终停滞不前。网上交友的普及带来了高达 40% 的离婚率[5]；我们的时间越来越多地用来处理“成吨”的电子邮件、信息和推文；平均每天要翻看手机 110 次，导致我们长期无法集中注意力。[6]

自助行业如此火爆（单单在美国，每年市值就超过一百亿美元）并不足为奇，因为这是对充实生活的进一步探索。[7] 消费文化虽给部分人群带去了慰藉和快乐，但仍有民众深深质疑辛劳工作和贷款消费的意义。为此，幸福导师们早已开始宣讲他们的理念，比如求助于心理医生、生活辅导、整合医学，或参加心理治疗团体，学习压力管理课程，抑或在宗教活动中寻求解脱。但是，在这些方法中，有一种被严重忽视，即“活在当下”。如果能把它从劫持者手中“解救”出来，我们就能够消除选择所造成的各种困扰，而更多关注“选择”本身。

我们应该对“活在当下”的力量充满信心，但绝不是要做那种意识形态狂热分子——笃信任意一种方法都能带来翻天覆地的改观，而是把重点放在找到其中的平衡点和适宜性。因为有时过分“争分夺秒”可能意味着鲁莽、危险。如果你身负巨额贷款，却要辞掉稳定的工作去开咖啡馆，难免显得过于轻率。此外，享乐主义者又很容易走极端，从古罗马人对食物的不节制到如今的线上豪饮游戏（拍摄自己喝下一整瓶烈酒的视频，放在网上炫耀）[8]，都是力证。有多少人因贪图一时享乐而妻离子散，又有多少银行家“把握机遇”搞黑幕，让自己一夜暴富的同时，引发了 2008 年全球金融危机？

当然，“惜时如金”也可以是一种高尚的追求，适合于那些经济实力雄厚的少数派，冒得了风险，扛得了打击。“二战”后，我的父亲沦落为一名从波兰逃往澳大利亚的难民，生活窘迫，捉襟见肘。安全和稳定是他当时最大的诉求，“活在当下”的生活理念对他来说简直是天方夜谭。

不得不承认，夜以继日地珍惜时间是一件很累的事情。每个人都需要消遣——甚至是肥皂剧——来逃离烦心的工作和人际关系。所以，拖延症也有好处，可以规避一些冲动和不理智，避免生活变得一团糟。对时间的狂热应该借由温和的方法释放到生活中，正如 T. S. 艾略特（T. S. Eliot）在《四个四重奏》（*Four Quartets*）中所写：“人类接受不了太多现实。”

不过，与现实打交道颇有乐趣，这本书最初的灵感就源自其中。故事从楼梯上的一次顿悟开始。当时，我正要去阁楼书房研读旅行作家帕特里克 · 利 · 弗莫尔（Patrick Leigh Fermor）的传记。他在 20 世纪 30 年代从荷兰角横跨欧洲抵达伊斯坦布尔的壮举深深吸引着我。从他带上贺拉斯的诗集踏出家门的那一刻起，自由的感觉就萦绕在他的心间。“我沉浸在喜悦和兴奋之中，”他写道，“一秒钟都不想错过。”[9] 这种真切的自由让我十分渴望。但就在我上楼的空当，一堆疑问却突然蹦出来，让我不得不停下脚步：我干吗要了解他的生活方式？为什么不自己活出个样儿？难道二手经验带来的“隔靴搔痒”还不够多吗？如果“活在当下”这么好，为何不一直这样活？还有，到底什么叫“活在当下”？当然，这样的自我嘲讽之后，我决定回答这些问题——也是最能激励我们付诸行动的问题——便走进书房，开始写这本书。

写书还有一个潜在的动机。人的年纪越大，越能感到时间带来的压力，我也不例外，心里总是在思考一个问题：我该如何过好余生？我可不想活成托尔斯泰笔下的伊凡·伊里奇，临终前发出“白活了”的哀号。我们的生活俨如 8 世纪圣毕德（Saint Bede）笔下那只房间里的麻雀。他在书中描写了一位传教士如何向诺森伯兰郡爱德文国王传讲福音书，让他信靠基督。国王身边的一位谋士见证了整个过程：

> 尊贵的陛下，依我看，和死后的时间相比，人的生命就像宫殿中的那只麻雀。冬日里，陛下与诸位大臣围坐在篝火旁一同用膳。外面风雪交加，一只不知来自何处的麻雀从一扇门飞了进来，随即又从另一扇门飞走了。它只停留片刻，避开凛冽的寒风，没过多久就又从陛下的眼前消失了，飞回漆黑的冬夜，不知所终。这就是转瞬即逝的人

生，对于生前或死后的事情，我们一无所知。因此，与生命相比，这部新教义更显实在，便值得信赖。[10]

我们都是那只麻雀，飞进温暖和光明，片刻后又消失在黑暗中。谋士的结论是应该相信上帝，而我的结论是“活在当下”，在能飞的时候，就尽情翱翔。

精神科学家 R. D. 莱恩（R. D. Laing）说道：“如果找不到任何意义、价值、寄托和支柱，那么人类就会从虚无中创造和想象出意义、价值、寄托和支柱。”[11] 人类社会存在这样的行为习惯：从支持某项事业到信奉某种宗教以便专注家庭关系，再到竭力发挥自己的才干。不过，还有另一种极具潜力却正在消失的方法：活在当下。当我们决心不再蹉跎度日时，即便受困于周围环境，也会表现出一种积极的态度。努力追寻自己的路，不再做任人宰割的鱼肉，不再等待，而是主动活在此时此刻。这样的抉择，让我们成了自己命运的主人，生活也随之被赋予意义。所谓，我选故我在。

2.“活在当下”的起源

以下内容将全面揭秘“活在当下”的世界，深挖它的多变形式及其导致的心理阻碍。我们还将与它的劫持者面对面，审查其是否存在道德破绽，并探究它能否上升为一种改变社会生活的力量。不过，我们首先应该找到这一切的行动基础：它的“身世”。这个理念起源于何时何地？又如何发展出如此丰富的形态？“活在当下”的历史开场很简单：一首诗。

诗的作者是昆图斯·贺拉提乌斯·弗拉库斯（Quintus Horatius Flaccus，通称贺拉斯），是罗马皇帝奥古斯都掌权时期一位重要的抒情诗人。写这首诗时正值公元前23年，他居住在罗马附近萨宾山上的自家农场中，悠闲惬意。这首Ode XI（译者注：下文统称《颂诗十一篇》）只有短短8行，却是整个“活在当下”文化的“发源地”。从文艺复兴到20世纪，欧洲年轻人如果能够引用其中诗句，就会被视为受过良好的教育。[12] 在贺拉斯之前和死后出现的众多作家，比如古希腊哲学家伊壁鸠鲁（Epicurus），都曾发出过“时不我待”的感慨，但抓住西方世界的只有贺拉斯最后那句中的“活在当下”。

如今，虽然背诵拉丁语诗文已不再是时尚，但《颂诗十一篇》仍是文人间争论的热门话题之一，数量庞大的相关论文出现在各大学术期刊。尽管争论的内容只有专注其中的古典学家才会理解和感兴趣，如贺拉斯对于埃斯克里庇亚德斯（Asclepiades）散文诗格的运用，五步抑扬格的位置以及对虚拟语气的激进态度等。但对于我们而言，最需要关注的是这位著名罗马抒情诗人口中的“活在当下”到底是什么意思。为揭开谜底，我们有必要先看一遍完整的诗文。在现代翻译版本中，用“收获”代替了“把握”。诗文的开篇是贺拉斯和一位年轻女子（可能是一位侍女）的对话[13]：

> 罗克妮，不要追问，你我的命运会如何，
> 忘掉巴比伦占卜，天机怎能泄露？

生命由宙斯神掌管，我们随遇而安。
让忧愁飘荡在第勒尼安海，消磨那些浮石吧。
想开些，喝下杯中酒，
把宏远的希望安放在每个今天。
就在你我谈话之间，光阴仍似箭。
让故事发生在现在，切莫留给未来。

Don't you ask, Leuconoe – the gods do not wish it
to be known –
what end they have given to me or to you, and don't
meddle with
Babylonian horoscopes. How much better to accept
whatever comes,
whether Jupiter gives us other winters or whether
this is our last
now wearying out the Tyrrhenian sea on the
pumice stones
opposing it. Be wise, strain the wine and cut back
long hope
into a small space. Even as we speak, envious time
flies past. Harvest the day and leave as little as
possible for tomorrow.

如果想要在朋友面前炫耀，可以背诵原文的最后两句：

Dum loquimur, fugerit invida aetas: carpe diem, quam minimum credula postero.

坦白讲，我第一次读到这首诗时，心里是有些失望的，因为我并没有找到太多的惊喜。不过，鉴于它在西方文化中的显著地位，背后定有其道理。那么，贺拉斯到底在传达着什么呢？

现今，把握倏忽即逝的机遇是对这首诗最普遍的解读。岁月如梭、时不我待，要主动生活，敢于冒险尝试从未做过的事情，因为生命只有一次，“切莫留给未来”。贺拉斯建议我们不要拖延，去做就对了。在过去200多年间，诸如报纸、小说、回忆录和歌词等文学形式都在证明，这是对“活在当下”的最普遍解读。如果你回看19世纪的《泰晤士报》，会发现其中关于这几段文字的引用，有四分之三都是阐述把握时机的重要性。[14]

有一部电影很完美地诠释了这种解读，并将其演化为一种生活哲学广泛传播——《死亡诗社》(*Dead Poets Society*)。已故演员罗宾·威廉姆斯（Robin Williams）在其中饰演一位特立独行的英语老师，名叫约翰·基廷，就职于20世纪50年代的新英格兰一所精英男子学校。他在一堂诗歌课上向学生们做出这样的解释：“朋友，我们都是蛆虫的食物，不管你信不信，这间教室中的每一位都会停止呼吸，身体变凉，最终死去。”接着，他向同学们展示了已经泛黄的校友照片：

他们是不是等到无力回天的时候，才悔悟生命原本可以更精彩？大家看看，他们现在虽已长眠地下，但如果侧耳倾听的话，会听到他们在说：活在当下。小伙子们，把握现在吧，活出精彩的人生。[15]

由此，一群学生将“活在当下”当作人生信条。他们深夜逃出校园，在森林深处的山洞中吟诵诗歌，其中一名学生还鼓起了勇气向喜欢的女孩示爱。但是，甜美的剧情急转直下，一个名叫尼尔的同学受到信条的感召，无视父亲的阻挠，决意参演一部校园剧。虽然他成功扮演了《仲夏夜之梦》中的小精灵，但随着演出的结束，“梦”也破灭了。尼尔的父亲为了断掉他演戏的念头，声称要送他去军校。当晚，尼尔自杀了。“活在当下”导致了一场悲剧。

《颂诗十一篇》衍生出另一种截然不同的视角——专注于感官享乐。“活在当下”变成了“及时行乐”。的确，贺拉斯劝勉我们要开怀畅饮（“喝下杯中酒”），在终有一死之前享受美好时光。[16] 这样的观点在 17 世纪尤为盛行，演变成一种文学题材。其中最为著名的是安德鲁 · 马维尔（Andrew Marvell）的《致羞怯的情人》(*To His Coy Mistress*)。这是情色版贺拉斯颂诗,(从男人的角度）赞美肉体之欲。因为“时间的脚步匆匆逼近”，诗人迫不及待地恳求道：“此刻，让我们化作囚困在爱欲之中的比翼鸟 / 宁愿在片刻欢愉中将芳华一口吞掉”，“用激烈的碰撞撕开肉欲 / 冲破生命的重重禁忌”。[17] 行文非常大胆，一些现代评论家认为这就是贺拉斯的本意。按照他们的观点，那首诗就是用来引诱罗克妮的。这位年轻的姑娘拒绝了他的示爱，所以贺拉斯绞尽脑汁哄骗她。让我们别再浪费口舌（“就在你我谈话之间，光阴仍似箭”），抓紧现在的每时每刻。[18]

这些不负责任的人们！贺拉斯非但不是享乐主义的提倡者，反而是批判者。他是亚里士多德的信徒，并且颂诗所传达的信息是生活要有节制，静静欣赏自然之美，细细品尝粗茶淡饭。难道这不是贺拉斯在盛赞“朴素生活”吗？如果把“今天”比作最美的花朵，与其鲁莽地将其“抓住”，不如轻轻“采撷”。无论遇到什么难题，都要珍惜在世的每分每秒（“我们随遇而安”）。不浪费时间预测未来，“把宏远的希望安放在每个今天”，培养一种“在场感”，投入到此时此刻。安心度过的是“今天”，而不是其他任何一天。要想真正理解贺拉斯的颂诗，我们关注的应该是“当下”，而不是“抓住”。[19]

进入千禧年后，在正念疗法的推动下，这种诠释成为媒体和公共文化对“活在当下”的主流解读。诚然，我的研究显示，如今近五分之一的民众认为，“活在当下”指的是沉浸在此时此刻，而不是把握时机。[20] 这可以说是一种前所未有的历史性发展，19 世纪可能有那么几位对“活在当下”的诠释，恰好与当代正念疗法大师乔恩·卡巴-金（Jon Kabat-Zinn）所谓的“觉知此刻”吻合。如我们所见，这种疗法目前所使用的介绍正是那时的内容。

另一种流行趋势是将“活在当下”视作自觉的生活方式。这种解读有据可循，如文化历史学家芭芭拉·艾伦瑞克（Barbara Ehrenreich）就曾指出西方社会长期缺失自觉性。她强调，中世纪末期可能是人类自觉性的巅峰时期，因为除了不幸和恐惧外，还有如嘉年华狂欢等丰富的户外活动，以及穿插在体力劳作间的舞蹈、游戏和酒宴。[21] 宗教改革和工业革命的出现，在很大程度上导致我们开始失去自觉性，因为每天的生活节奏被工厂里的时钟所控制。而如今，这种控制变成了泛滥的数字信息以及对时间管理的过分追求，导致每个人都“行程满满”。我们应该摒弃这些时间表，采取一种即兴的生活方式，把握此时此刻。

《颂诗十一篇》衍生出的最后一种理念与政治相关。贺拉斯本人并不是政客，尽管曾在军队中担任高级职务，并成为奥古斯都政权的拥护者，但他却极力远离政治是非。因此，把他的颂诗当作政治宣言来读会失之偏颇。不过，至少从 18 世纪以来，“活在当下”“把握今朝”和“抓住机遇”等经常用于形容政策开局或潜在的可能性。[22] 1933 年，媒体把西班牙震荡的时局称为左派势力“抓住时机爆发革命”的历史性时刻；[23] 理查德 · 尼克松于 1972 年对中国进行历史性访问期间，曾宣布中美两国应该“珍惜时间，把握机遇！”而在比尔 · 克林顿 1996 年改选活动的最后一次公众演讲中，“活在当下”出现多达 11 次；[24] 1989 年 11 月 9 日晚，无数的德国人一同推倒柏林墙，被广泛认为是“不失时机”的瞬间；2011 年，英国工业城市谢菲尔德的“占领运动”抗议者们迎来了一支无政府主义乐队，激进的歌曲可能会让贺拉斯脊背发凉。乐队的名字就叫“Seize The Day(活在当下)”。[25]

贺拉斯是一位诗人，而非哲学家，因为他中意的是优美的表达，不是借助精准的分析和严谨的定义呈现自己的理念。所以，人们对他的诗歌持有不同的解读，也在情理之中。“活在当下”确实存在太多意义，如果再有人给出这样的建议，你会很自然地追问他们的真正寓意。是让你不要错失良机还是享受感官愉悦？是在探讨存在、自觉还是政治？在随后的几章中，我将逐一介绍“活在当下”的方法，以及它们应对有限生命的策略。但在那之前，我想讨论一下将这几种方法凝聚在一起的力量——对死亡的恐惧。“活在当下”理念的心理基础是——按照基廷（还有莎士比亚）的说法——我们都是蛆虫的食物。尽管人类“处心积虑”地否认这一事实，但只有品尝一下死亡的“滋味”，我们才能真正领受贺拉斯的智慧，并付诸生活。

CARPE
DIEM
REGAINED

重新
活在当下

The
Vanishing Art
of Seizing
the Day

第 二 章

关于人生观

那天风雨交加，我坐在北德文郡一处悬崖上的小石屋里眺望大海。门口挂着“罗纳德·邓肯的写作室欢迎您”的标牌。这位来自英国西部的诗人和剧作家曾在此笔耕多年，最为瞩目的作品是为本杰明·布里顿（Benjamin Britten）的歌剧《强奸卢克蕾提亚》（*The Rape of Lucretia*）撰写的剧本。在此之前，他定居在西磨（West Mill）（也是我目前的居住地）。从这间小石屋出发，沿海岸线经过一段陡峭小路即可抵达那里。

我在翻阅邓肯的自传《你我皆孤岛》（*All Men Are Islands*）时发现，相比他和诸多文豪〔如 T. S. 艾略特、艾兹拉·庞德（Ezra Pound）和杰拉尔德·布伦南（Gerald Brennan）等〕之间的关系，我更着迷于他的冒险精神和对生活的无限渴望。20 世纪 30 年代初期，他离开剑桥后，变卖了所有衣物，换上二手外套和宽檐帽，一头扎进切斯特菲尔德的各大矿场寻找工作机会。黝黑的皮肤让人误以为他是吉卜赛人，加之曾有在马戏团训练过马驹的工作经历，让邓肯最终找到一份在矿场竖井下饲养 35 匹矿用马的工作。这段长达一个月的工人阶级生活，是这位从阔绰的德奥贵族中走出的美学家做出的“离经叛道”之举，一如乔治·奥威尔（George Orwell）在东伦敦穷困潦倒的日子。

在那之后，邓肯前往印度，与甘地同住在一处修道院中。这段经历不仅在第二次世界大战期间激发他成为良心拒服兵役者（译者注：因良心而拒绝服兵役的人），还积极开展一项乌托邦式生活实验，在西磨以公社的形式运营自己的农场。可惜的是，加入其中的多位诗人和反战人士更热衷于写诗和辩论，极少参与挤牛奶等农活，最终导致实验失败。尽管如此，世人感受到的是邓肯的实干精神，绝非止于空谈政治理想。

是什么真正触动了罗纳德·邓肯？这一切行为的背后蕴藏着怎样的心理根源？我在他的书中找到了答案，那些关于人生观（更准确地说是生死观）的阐述是我读过的最具启发性的段落之一，让我重新审视“活在当下”的意义：

> 生命是短暂、有限和草率的，我以前这样认为，现在也如此。每个醒来的清晨，我都会惊叹于生命的鲜活；每个入眠的夜晚，我总会怀疑自己是否就此撒手人寰。对于我来说，死亡是一种现实，但周遭的人们却不以为然。他们的生活方式好像在宣称自己的生命没有尽头，要不然怎么会四十年如一日地求学就业，赚取微薄收入，只为能够继续维系求学就业的生活？我能看到的尽是行尸走肉，或许殡葬行业更适合我。但是舍我其谁呢？这些话必须有人说：“人生就是一艘航行在大海上的小木船，而这片汪洋就是死亡。”我认识的人里，没有一个敢于承认这片承载自己的死亡之海，这使得沟通变得异常艰难。我们虽然说着同

一种语言，却无法进行价值观的置换。我美慕他们的视而不见，但自己却怎么也学不来。[1]

就在我坐在邓肯的写作室里标记这段文字的空当，突然响起敲门声。一位游客打扮的女士探身进来，看到破旧桌子上摆着一台笔记本电脑，而我呆坐一旁，远眺大西洋。她上下打量一番后轻声问道："您就是罗纳德·邓肯？"

我不是。从对死亡的日常感知角度看来，鲜有人能比得上罗纳德·邓肯。承认生命的短暂并能够直视死亡，可能是"活在当下"最为关键的构成要素。有人(如罗纳德·邓肯)生来就具备死亡认知力，或能够从宗教信仰中获取这样的能力，例如天主教徒和佛教僧侣。而有些人需要不懈地努力，才能树立珍惜生命的人生观。正如阿尔贝·加缪（Albert Camus）在一篇杂文中写道："要和死亡立约，才能心想事成。"[2]

问题在于，人类心理和我们所处的社会环境，都在极力驱赶对死亡的思考。故此，本章将借助加州高新技术企业家、日本官员和俄罗斯名流的故事，探究如何靠近死亡、珍惜时间。几个世纪以来，人类发明出不少行之有效的靠近方法，均采取想象的形式，我称之为"试死法"，旨在提醒人类生命有限。其中部分方法，如斯多葛派（The Stoics）的座右铭"把每天视为生命的终点一样度过"，需要谨慎处之。其实，仍有不少鲜为人知的方法有待发现，来规避人类终极悔恨：碌碌无为、无所事事。在探讨这些方法前，有必要先厘清头绪：我们的思想是如何"悄悄"否认死亡的？

1. 死亡变成禁忌

鉴于死亡是生命不可分割的一部分，那么不抓紧生活就会显得可疑，更不用说花费大把的时间看电视、刷脸书、跟直播、聊八卦或者穿着睡衣在家中发呆。想想那些不幸夭折的鲜活生命：被白血病夺走的花季少年，丧命于车轮之下的天才芭蕾舞者。为了能在世上多停留一天，他们宁愿付出一切。难道我们不应该为他们而活，珍惜宝贵的生命吗？

但另一方面，我们不难发现，活在当下很容易沦为存在主义的附属品。如今，大多数文化早已摒弃中世纪和文艺复兴时期对死亡的态度：教堂墙壁上画着舞动的骷髅，人们会在桌子上摆放人头骨——拉丁语叫作 memento mori，意为“终有一死”——来提醒自己，死神随时都可能造访。这可能源于当时可怕的瘟疫、泛滥的暴力和骇人的儿童死亡率。虽然那是一段不堪回首的时光，却让人们认识到生命可能白驹过隙般短暂，进而迸发出高涨的生活热情，比如欧洲工业化前出现的狂欢节传统就是力证。

现代社会对死亡的讨论并未彻底绝迹。例如，对于安乐死和姑息治疗的争论就演变成了社会议题。近期刮起的“死亡咖啡馆”风潮也从波士顿一路蔓延到北京，提供咖啡点心的同时，还成为大众谈论生存与死亡的特定场所。自 2011 年起，这股风潮已在 30 多个国家和地区引发超过 3000 场集会。[3] 但总体而言，死亡仍是禁忌话题。

“在纽约，在巴黎，在伦敦，你不会听到‘死亡’这个词，因为这是触犯禁忌的事。”墨西哥诗人和散文家奥克塔维奥·帕斯（Octavio Paz）在20世纪50年代写道：“墨西哥则恰恰相反，死亡在这里可谓‘家喻户晓’，人们的笑声里、庆祝晚宴上和日常生活中都能见到死亡的元素。它是墨西哥人最心仪的一件玩具，寄托着人们最深的爱。”[4] 虽然这样的文字在当时也略显夸张，却能看出一些国家对死亡展现出的超乎寻常的接纳之心。一年一度的亡灵节期间，墨西哥家家户户都会前往亲人的墓地守夜祭奠，孩童手里玩着骷髅剪纸，嘴里吃着人头骨形状的“亡灵面包”。爱尔兰的守灵仪式和新奥尔良的爵士葬礼也都是对死亡的鲜活祭奠。相比之下，我在澳大利亚的成长经历却呈现出截然不同的景象。在我10岁时，我的母亲因癌症去世，此后家人极少提及她，我也是20年后才去她的墓地。对母亲的离世避而不谈以及我自己的内心挣扎，其根源是一种文化对死亡的躲闪，以及对逝者公开祭奠的压抑。

从更深层次的角度看，大部分社交活动都可以视为我们对与生俱来的死亡恐慌所进行的不懈斗争。我曾与谢尔登·所罗门（Sheldon Solomon）探讨过此事，这位心理学家耗时30年，专注研究死亡恐慌如何影响人们的日常行为，即便我们似乎并未那么害怕：

> 数百项实验表明，人们触碰到死亡话题（比如被询问对离世的看法；在葬礼中受访；或甚至让“死”字在电脑屏幕上显示28毫秒，根本看不清）后，通常会表现出对固有世界观的坚守和对自我的保护。例如，物质主义者会更热衷于购买豪车和名表；“外貌协会”的人则会更竭力地完

善自己的身材和气质。[5]

所罗门及其同事开展的其他多项实验显示：经常考虑生死去留问题的人更倾向于生儿育女；强迫症患者受到死亡暗示后，病情会加重。他们的研究成果具有重要启示作用，说明人类的行为和所谓的追求（社会地位和事业发展）均是最深层的自我保护，试图远离死神。[6]正如精神科医师欧文·亚隆（Irvin Yalom）在书中所写："否认无处不在的死神消耗了人类的大部分精力。"[7]

纵观世界史，长生不老一直是人类最根本的诉求。埋葬在金字塔下的埃及法老会带着无数的金银财宝以备转世之需；公元前3世纪，中国帝王秦始皇有8000余件兵马俑陪葬，为来生保驾护航。在世界文坛上，永生也是千古不变的主题。目前已知的人类第一部英雄史诗《吉尔伽美什史诗》（*The Epic of Gilgamesh*）便表达了对不朽生命的渴望。当代科幻小说也对超越死亡表现出浓厚的兴趣，尽管尚不得知超越是否意味着功德圆满。在道格拉斯·亚当斯（Douglas Adams）的科幻小说《生命、宇宙以及一切》（*Life, the Universe and Everything*）中，有一个角色突然获得了不朽之身，却因（无数次成为人生赢家后导致的）无聊和失落而备受煎熬，最终选择用无限的生命，按照字母表的顺序折磨宇宙中的一切生灵。所以，切勿重蹈"叶公好龙"的覆辙。

极少有人会公开承认自己的生存动力源于对死亡的恐惧。在这方面，可能每个人都会言不由衷。我们都曾经历过亲朋离世的痛苦，过分担心下一代的安全，或做出讳疾忌医的蠢事。当我们发现镜中的自己出现岁月的痕迹（第一缕白发或深陷的皱纹），或当身体每况愈下时，都不免对生命的短暂扼腕叹息。尽管约 70% 的民众表示不惧怕作古归西，但闪现在梦里的仍尽是死亡的意象。研究表明，在所有梦境中，近三分之一是对死亡的焦虑，并且，这样的噩梦最常见于焦虑程度最高和最低的两种极端人群。[8] 死亡如呼吸，永世不得逃离。

谈及自身的生死存亡，大多数人都徘徊在想知而不敢知的境地中，进退两难。死亡如同悬在空中的达摩克利斯之剑（the Sword of Damocles，译者注：意思是“悬顶之剑”，用来表示时刻存在的危险），随时可能刺向我们。不过，一直这样侥幸过活实在超出人类心智的承受极限。因此，我们效仿埋头的鸵鸟，让自己沉浸在日常生活的酸甜苦辣中，或在宗教中寻求慰藉。不过这样的做法可能让我们失去了最宝贵的永生秘方——死亡的滋味，它能激励甚至强迫我们把握有限的生命，直至死神带我们去往天堂、地狱或被遗忘之地。

这便衍生出一个微妙的问题：如何对死亡做到浅尝辄止？我们应该学习古斯塔夫·克里姆特（Gustav Klimt）于 1916 年的画作《死与生》（*Death and Life*）中的那位少女，无惧于直视死神。在一群人中，只有她敢于和死神共舞。[9] 重点是我们该如何看待有限的生命，才能更好地把握现在。为此，我们可求助于过去两千年间出现的丰富多彩的理念思辨，首先进入眼帘的是其中最为著名的（也是最有待商榷的）：把每天视为生命的最后一天来度过。

2. 我们应该把每天视作生命的最后一天，还是第一天

从中国古代哲学大家老子到中世纪神学家圣毕德尊者，从文艺复兴评论家米歇尔·德·蒙田（Michel de Montaigne）到人类学家欧内斯特·贝克尔（Ernset Becker），世世代代的圣贤和学者对生与死留下过无数的至理名言。其中距我们最近的一位——可以说是数字时代的哲人——便是史蒂夫·乔布斯。

2005 年，苹果公司创始人在斯坦福大学做了一次毕业演讲，以“如何过好这一生”为标题的演讲内容迅速席卷各大视频网站。乔布斯坦言自己在一年前被诊断患有一种极为罕见的胰腺癌，从死神手里逃脱（2011 年病症复发导致其离世）的他告诉现场观众：“时刻提醒自己：我快要死了，是面对人生抉择时最有效的利器。”死亡的意象不仅能够扫除所谓的面子问题，还能鞭策我们追逐梦想，敢于打破常规、无惧风险。乔布斯忠告大家：“生命短暂，别用它成就别人的梦想。”并现场分享了一句生活中的格言：

> 17 岁时，我读到一句话，大意是：“要把每天视作生命的最后一天来度过，未来的你必将有所成就。”这让我印象深刻，从那时起，三十三年如一日，我每天早晨都会问镜子中的自己：“如果今天是我生命中的最后一天，我是否仍会按原计划行事？”如果答案连续多日都是否定的，那么我便知道应该做出改变了。[10]

尽管全文都未使用“活在当下”这个词，乔布斯却完美诠释了这一贯穿几个世纪的人生观。近两千年前，罗马皇帝马可 · 奥勒留宣称：“完美的品格应该是这样的：要把每天视作生命的最后一天来度过，不恼火，不冷漠，不虚伪。”[11] 另一位斯多葛派思想家、哲学家塞涅卡（Seneca）——贺拉斯逝世几年后出生——也发出相同的声音。他感叹太多人沉迷于骄奢淫逸的生活，并写道：问题“不在于生命的短暂，而是我们浪费得太多……一个人，最应该忙的就是生活”。相比之下，聪明人“规划生活时，会把每天都当作生命的最后一天”。[12]

“要把每天视作生命的最后一天来度过”，到底在传达怎样的信息？首先，不应过多停留在字面意思上。重点不在于我们“时日不多”或生命真的只剩下最后 24 小时。史蒂夫 · 乔布斯的演讲也不是“教唆”我们放弃结婚生子或为养老做好安排。他的真正用意是告诫我们要树立一种“生命有限”的大局观，并以此为契机，去专注真正重要的事情，坚守个人的价值和梦想。我们可将此视作存在主义的“敲门砖”。斯多葛派更多关注的则是每一天的充实程度，正如哲学家威廉 · 欧文在书中所写：“如果斯多葛派要把每天视作生命的最后一天度过，不是因为他们真的要今天变成此生的最后一天，而是说他们要在最大限度上利用这一天的时间。”[13]

“要把每天视作生命的最后一天来度过”，尽管乍一看颇具至理名言的气质，却包裹着不少有待考证的要素。首先，这句话采用的是比喻手法，很容易催生出“短浅”的生活态度，让人放弃长远的规划，满足于一时享乐。例如，有人会经不起诱惑，在一夜间花光所有积蓄，或是发展一段婚外情——即便这并非斯多葛派哲学家的本意。

其次，衡量的标准为何定为一天？为什么不是一年或十年？这是因为，如果换成“要把每个十年当作生命的最后十年来度过”，便失去了原有的即时性和紧迫感，导致我们更愿意关注长期计划（比如学习弗拉门戈吉他或著书立传），用今天的努力换取未来的回报。

再次，为何要把每天视作“最后一天”？为什么不转换角度，把每天视作“生命的第一天”？可能这样会让我们对世界充满浓厚的敬畏之心，像小孩子一样，开心于第一次看到大雪，或惊喜于发现可爱的长颈鹿，专注于感恩太阳带来的温暖或陌生人给予的关怀。

更根本的问题是，史蒂夫·乔布斯说话的语气——颇具撒切尔夫人的风范——暗示着这个世界不存在社会结构，只有互不干扰的个体。今天可能是你生命的最后一天，但并不代表一定是别人的最后一天。无视未来的生活态度恰恰迎合了当今的世界观，让人类大踏步走向自我毁灭。砍伐原始森林、燃烧矿物燃料、污染河流湖泊，丝毫不考虑下一代子孙和唯一的地球家园。苹果公司可能是我们的时代中最具创新力的科技公司之一，但同时也是 2014 年 3400 万吨温室气体排放的“罪魁祸首”。[14] 这个时代的悲剧在于，我们只着眼于既得利益，沉浸在资源掠夺和灯红酒绿的快感之中，狂欢之后的“宿醉”却折磨着整个世界，可能永无宁息之日。如果人类意识到这一点的话，应该学习北美易洛魁联盟制定的《伟大的和平法则》（*Great Law of Peace*），这套原住民传统守则要求制定决策时，应考虑到七代以后的子孙利益。[15] 他们珍惜的不只是现在，还有以后的 200 年。

所以，我们到底应不应该把每天都视作生命的最后一天来生活？如果你想要战胜恐惧、挑战传统、活出自我，那么是个不错的选择。在与年迈的父亲和继母相处时，这句话让我受益匪浅。他们每年都会从澳大利亚来看我，并住上几周时间，这是我全年唯一能看到他们的机会。他们终将离去的事实让我扼腕，于是我把每次的相聚都看作是最后的团圆，让我能够更专注地倾听，更畅快地大笑，敞开心扉，给予和接纳彼此的爱。

不过，也有人对这样的人生观“不感冒”，认为过于“鼠目寸光”。幸运的是，还有其他许多应对死亡的方法，让你对死亡有不一样的认识。

3. 东京公园的隐喻

2007 年 12 月，出现了一个新奇的流行词“人生清单”，起源于喜剧电影《遗愿清单》(*The Bucket List*)。主演杰克 · 尼科尔森在片中饰演一位名叫爱德华 · 科尔的富商，摩根 · 弗里曼则扮演一位名叫卡特 · 钱伯斯的修理工。这两位性格迥异的角色入住同一间病房，并发现彼此的共同点：身患绝症、时日不多。于是，他们写下自己临终前所有想要做的事，并在余下时间里逐一实现。

接下来的几个月里，这对“欢喜冤家”先后进行了跳伞、驾驶福特野马竞技、飞越北极、在蓝色海岸的米其林餐厅吃晚餐、游览泰姬陵和长城、非洲狩猎，并成功抵达珠峰大本营。最终，在埃及金字塔顶，两位老人意识到，这些所谓的壮举似乎并没有给自己带来预期的满足感。他们心中最牵挂的还是千丝万缕的情感。科尔想和自己唯一的女儿重归于好，再度相逢；而钱伯斯想找回对妻子的爱。在熟悉的好莱坞式结局里，他们最终在生前实现了这些愿望。

这部电影上映后，人生清单便成了热门话题，十大、百大甚至千大排行榜层出不穷，席卷各类博客、电子杂志和视频网站，堪称21世纪的《贝德克尔旅游指南》(*Baedeker's Egypt*)。虽然电影主旨是宣扬家庭关系和情感沟通的重要性，但其所列的大部分清单俨如度假规划，其中还掺杂不少旅游公司的广告。典型项目有哥斯达黎加潜水、攀登乞力马扎罗山、蹦极以及入住瑞典冰酒店等。还有人寻求经济游，参考如《人生必去的世界1000个地方》等书籍，选择梵蒂冈或浪漫巴黎周等。人生清单最突出的效用是以游玩的方式解读生活，旨在累积尽可能多的完美体验和感官刺激，从不考虑由此造成的碳排放量。清单中的项目完成得越多，你就会越快乐。"遗愿清单"现象是超个人主义文化的巅峰，把转瞬即逝的快感和寻求刺激的享乐主义凌驾于一切。

但是，这部电影及其引发的网络狂潮背后，存在一个颇为有趣的存在主义问题：如果你知道自己时日不多，比如只剩下6个月或一年的时间，你会怎么办？对于很多身患绝症的病人来说，这是一个真实存在的问题。但同时，这也是经典的"活在当下"思维实验或"试死法"，适用于人生的各个阶段。

对于这个问题，影视界给出的最佳答案并不是《遗愿清单》(谢天谢地)，而是感情更细腻、更具震撼力的《生之欲》。这部1952年的电影出自黑泽明之手，讲述的是战后东京一位名叫渡边堪治的中年官僚的故事。渡边堪治是市政公共事务部的科长，入职已30年，负责整理文件、审查盖章。虽能维持生计，人却百无聊赖。电影旁白这样写道："他倒不如变成一具尸体……这人现在已经死了20年了。"[16]当他发现自己患上胃癌，生命只剩下6个月时，生活发生了天翻地覆的变化。生死抉择面前，他将何去何从？

最初，突如其来的状况让渡边堪治感到无比恐慌。他蜷缩在床上，想要自杀，悔恨自己虚度了大好年华。"活了这么多年，我不知道自己都做了些什么。"在酒吧借酒消愁时，他向一位不入流的放浪小说家袒露了心声。"不得不承认，他们所说的'塞翁失马'是真的，"这位作家回应道，"是癌症擦亮了你的双眼，让你看到了自己的生命。人向来如此，总是临死的时候，才知道生活有多美。"那一夜，渡边堪治和这位作家一起放浪形骸。然而，酗酒、赌博和舞女并没有给渡边堪治带来丝毫慰藉。凌晨时分——和《遗愿清单》中的爱德华·科尔一样——他认识到，感官愉悦只是"隔靴搔痒"。

最终治愈他的恐慌心理的是一位精力充沛的年轻女子。渡边堪治非常羡慕她。"我如何做才能像你一样？"他恳求道。年轻女子建议他在余下的时光中，应该做些有意义的事情。起初，他找不到任何头绪。但他受到启示，获得重生后，灵感闪现：决定帮助一群可怜的家庭主妇反抗市政当局，将居民区附近的臭水坑改造成供儿童玩耍的公园。渡边堪治一改往日怯懦、自私的性格，开始全力抗争，与当地政客和地痞无赖斗智斗勇。最终，他胜利了。以一己之力保全了公共的利益，实现了生命的价值。渡边堪治坐在公园的秋千上，唱着"人生苦短"，歌声随着冬日寒风飘散四方，随即，他瞑目安逝。[17]

《生之欲》将斯多葛派口号"把每天视作生命的最后一天来度过"稍做改动，呈现出令人眼前一亮的变化："生活吧，就像你只剩下 6 个月的时间。”这种调整引出了差异，将我们的目光从短期视角中抽离出来，放眼于需要不懈努力才能实现的宏远目标，但同时，又不至于因为缺乏紧迫感而发生拖延或松懈的情况。自从看过《生之欲》之后，我便很认真地践行这种“试死法”：每半年都会发起一项全新挑战——最近一次是报名参加练唱班，尽管被嘲笑五音不全——如果 6 个月后未能“开花结果”，就果断放弃。

像渡边堪治一样正视死亡的必然性，能刺破我们“安在”的蒙昧状态，帮助我们认清人生的轻重缓急，鞭策我们只争朝夕、有所作为。我们的任务是为自己找到有意义的事业，而不是按照享乐主义的“遗愿清单”轻松过活。(最终还可能导致我们困惑不已：这一切究竟是为了什么？）我们所选择的事业可能需要我们做出一定程度的付出和努力，我们应该铭记尼采的名言：“知道为什么而活的人，能承受一切苦难。”[18] 创造的终极高度是用想象力召唤出这个“为什么”，也就是说，渡边堪治有他的公园，我们呢？

4. 多活几次的乐趣与负担

“生活吧，仿佛你已经活过一次，仿佛这次和上次一样一团糟。”[19]

这句令人费解的话来自奥地利存在主义心理治疗师、奥斯威辛集中营幸存者维克多 · 弗兰克尔（Viktor Frankl）。他认为这句话能让我们认识到“生命有限”，勉励我们对自己的行为负责。不过这句话到底是什么意思呢？这对于“活在当下”有何启示呢？

一种解读出现在2013年由理查德·柯蒂斯（Richard Gurtis）执导的电影《时空恋旅人》（*About Time*）中。虽然这是一部典型的爱情喜剧片，但依我看，是对弗兰克尔理论的一种完美探索。电影讲述的是一位叫蒂姆的年轻人，在21岁生日那天听到父亲对自己说，家中所有男人都有超能力，可以穿越时空回到（甚至改写）记忆中的任何时刻和地点。消除最初的疑惑后，蒂姆初次尝试超能力，结果找到了一个女朋友。但之后电影的走向越发离奇，蒂姆的父亲身患癌症，在弥留之际，祖露了幸福生活的秘诀：正常度过每一天，承受生活的困苦和压力，然后穿越时空重新来过，这一次要把精力放在生命中所有美好的瞬间和小确幸上。

蒂姆尝试了这种方法，但很快，他发现了一种更为有效的途径，根本不需要穿越时空："每一天都像是我特意穿越回来一样，去享受一切。"接着，电影中出现了以下画面：每天早晨醒来后，并不急于下床，而是先亲吻妻子；一边做早饭，一边哄孩子们开心；买午饭的时候，会主动与收银员进行眼神交流，并报以微笑。"活在当下"在电影里被诠释为此时此刻的存在，发现生活的美好。正如理查德·柯蒂斯在一次采访中所说，这部"电影要说的是，我们应该细细品尝每个普通的日子，但品尝的是时间，而不是那天的成就"。[20]

弗兰克尔可能并不认同这样诠释他的格言，因为他坚信的是人生未来的目标，而不是驻足于此时时刻（这一话题会在后文中涉及）。我觉得他更多的是在避免后悔，格言传达的基本信息是：不管你要做什么，先设想一下你即将会做出的并最终导致自己后悔不已的错误举动，那么你就会在这一次做得更好。比如在一场激烈的家庭对话中，你可能不由自主地重复发泄怒火、挖苦讽刺等错误行为模式。在这种情形下，弗兰克尔的理念就给你思考的空间。再比如，你可能因为缺乏自信而不敢迎接挑战性的工作，并时常因此懊悔。所以，下次再面临这样的抉择时，可以尝试他的思维模式，激励你做出无悔的决定。

哲学家弗里德里希·尼采推崇一种更为激进的“试死法”，被称为“永恒循环”。在我看来，这是西方哲学传统衍生出的最令人赞叹的学说之一。尼采将其视为毕生最重要的发现，并作为自己的“成功秘诀”。该学说讲述的不是假设自己重新来过，而是永无止境地轮回。1882 年的著作《快乐的科学》中，尼采这样解释他的理念：

> 关于最沉重的负担，如果魔鬼某天或某晚趁你最孤单的时候，爬出来对你说：“这一生，也就是你现在度过的这辈子和已经过去的上辈子，你必须重新活一次，并且要重复无数个轮回。生命中的每一次痛苦、每一次欢笑、每一缕思绪和每一次叹息，还有那些不足挂齿的琐事，都会按照完全相同的顺序，再次出现在你面前——比如此时此刻的这只蜘蛛，悬挂在森林上空的那弯明月，当然还有我。不朽的生命沙漏会再次翻转，而你就是其中的一粒沙！”你会从床上跳起，咒骂说这话的魔鬼吗？是否尝试过如此应答：“你是神，我从未听过如此圣洁的话！”如果这种想法占上风，你就会被改变甚至被摧毁。真正的问题只有一个：“你想要再活一次并同时接受无限轮回吗？”这个问题

> 会变成你最沉重的负担！要不然，为了获得那超越一切的永恒和真实，你要如何对自己和生活表现出如此高涨的热情呢？[21]

数十年来，学者一直在争论尼采是否相信“永恒循环”真实存在。[22] 我觉得，把它视为一种富有争议的思想实验会更有帮助。起初，它看起来像是“活在当下”的反面：尼采看到的是生命的无限，而不是有限，一种对转世的无限循环。但是，在“永恒循环”的核心下却隐藏着一种强大的“活在当下”式的力量：如果你不想重复这一世的生活，则说明你现在的生活方式可能并不理想，需要做出改变。[23] 比如你多年从事一项工作，薪资丰厚却剥夺了你大部分的时间，如果你不想在无数个下辈子里重复这样的生活，那么为什么现在要这样做呢？如果你不准备这样度过永世，为什么要沉浸在嫉妒、怨恨或自恋中？你能想象自己被迫看上几万年的电视游戏节目吗？

在尼采看来，测试我们做出的选择正确与否，是看我们想不想在“永恒循环”的世界中永远承受选择带来的后果。对于一些人来说，这可能会变成一种负担，因为每一丝痛苦和每一个杂念——细小琐碎的、刻骨铭心的——都会回来缠绕我们（假设我们没有忘记）。不过，对于另外一些人来说，则意味着一种解放，因为它为人生抉择提供了有效的解决方法。生命有限、不会重来（就我的认知而言）的事实，要求我们必须做出正确的抉择，而“永恒循环”则起到保障和督促的作用。

尼采巧妙地提出这一学说，体现了思想界对“重复”主题的喜爱：

加缪笔下的反传统形象西西弗斯，必须把一块巨石推到山顶，只为到达山顶后再把它推下去，如此循环下去，永无止境；比尔 · 默瑞在电影《土拨鼠之日》（*Groundhog Day*）中则一再重复同一个噩梦。毋庸置疑，尼采的学说带领我们走上了全新的方向，完全有别于“把每天视作生命的最后一天来度过”。做抉择时，“永恒循环”教给我们的不是假设没有明天，而是想象有无限的未来，并且在轮回中永远承受选择带来的后果。

那么，挑战来了：我们现在的生活，必须是自己愿意在“永恒循环”中永远重复的选择。我们之所以珍惜现在，是因为要承受长生不老的枯燥。

5. 埋葬过去，拥抱新生

日本和尚鸭长明出生于 1153 年，最初是京都宫廷诗人和音乐家。但随着时光推移，他越发想要隐居，脱离凡尘。最终，他在 60 岁时，为自己建造了一间小木屋，比邻日野山。就像 600 年后的自然主义者亨利 · 戴维 · 梭罗一样，鸭长明想要尝试自给自足的简单生活，收集山脚下的坚果作为食物，用竹芋纺织衣服。伴随着蝉鸣和布谷鸟的歌唱，他写出了《方丈记》。这部巨著开篇的几段文字，已变成对佛教概念“无常”的经典解读：

湍急的河流虽然奔腾不息，流淌其中的河水却已不再

> 相同。静止水面上漂浮的水泡，一会儿破了，一会儿又出现，一直在不停地变化。人生在世，亦是如此。[24]

鸭长明的这部巨著记录了他一生中遇到的各种灾难。如 1177 年将京都夷为平地的大火，摧毁一切的台风，导致无数房屋倒塌的强烈地震；还有 1181 年致使上万人死亡的大饥荒，因为路上的尸体太多，马车已经无法通过。在山中静养的他，开始参透死亡和灾难的意义：

> 我至今不清楚，生老病死的人们，他们从哪里来？最终又到哪儿去？我也不了解，人生在世如此短暂，为什么他们还要不辞辛劳地装饰房屋？房屋和住在里面的主人都将从这个世界上消失，就像晨露映射出的点点光辉……一艘船驶过，荡起的浪花转瞬即逝，这让我看到了自己的人生。[25]

所以，我们身处在一个无常的世界中，无法摆脱一切瞬息万变的宿命。四季轮转、花开花谢，人类也不例外。我们耗尽一生，创造“稳定、永久”的感觉——建造房屋，追逐事业——但在鸭长明看来，这种努力最终是徒劳的。为什么要依附于终将消逝的财富或名利？他选择用余生念诵佛经，在小木屋中独自弹奏十三弦古筝，模仿松树林中的风声。

在过去的两千多年间，生命无常的理念在东西方文化中都有所体现。和鸭长明一样，古代希腊哲学家赫拉克利特（Heraclitus）也借用河流做比喻：“一切都在变化，一切都在消逝……你无法再次踏进同一条河流。”承认生命短暂、世事无常，是一种重要的“试死法”，不同于“生活吧，就像你愿意再这样活一次”或“把每天视作生命的最后一天”。这个理念不仅阐明我们的生命转瞬即逝，还说明生活中充满无数个“埋葬过去”或流向虚无的瞬间。一阵风来临又吹过，不会再有相同的感觉。孩子只有一次成长过程，我们稍不留神就会错过大好时光。正如《莎士比亚：人生经历的七个阶段》（*Shakespeare: The Seven Ages of Human Experience*）一书所说，我们的人生呈现阶段化：懵懂和焦虑的青春期；“不知愁滋味”的青年期；敏感的中年期，此时我们的心智已成熟，但体力却不复从前。最终，我们“掉了牙齿，花了眼睛，没了味觉，丢了一切”。从出生那一刻起，我们就处在不断“死亡中”。

对于鸭长明，这样的人生观让他与世俗断绝了关系，做到了佛教的“不执”，并尽可能活在一种绝对现时中，欣赏自然圣洁而短暂的美。我想起了一位我认识的水管工，他看到路旁花开，就停车去闻那些花香。“真的需要停下来，”他对我说，“因为这些花明天可能就不在了。”不过，“埋葬过去”的人生态度可能会带我们走上不同的方向。如果世界万物皆变化无常，过去和未来也只存在于我们的脑海中，那么为什么不追随塞缪尔·泰勒·柯勒律治（Samuel Taylor Coleridge）的脚步，义无反顾地冲进忽必烈的“极乐宫”，享受天堂的蜜汁？

我从大卫·鲍伊（David Bowie）的多重人生中看到了另一种应对世事无常的方法。在他的整个艺术生涯中，他以不断重塑自我而闻名于世，尤其善于创造新的舞台公众形象。这些形象的灵感来源比较复杂，其中包括他对歌舞伎的研究，以及他的第一任舞蹈老师林赛·肯普（Lindsay Kemp）的影响等。[26] 20 世纪 60 年代以原声摇滚歌手开始职业生涯，1972 年，他便塑造出另一个舞台自我齐格星尘（Ziggy Stardust）——雌雄同体的异域摇滚巨星。随后又不断重塑自我，如阿拉丁·赛恩（Aladdin Sane）和瘦白公爵（The Thin White Duke）等。到了 20 世纪 80 年代，他则以流行偶像的身份示人，并发行包括 *Let's Dance*（《一起跳舞》）在内的多张专辑。与此同时，他还成为一名演员，曾主演多部作品，如《天外来客》和舞台剧《象人》等。

1976 年，鲍伊对自己频繁“变身”给出了极为隐晦的解释：“鲍伊从来不是确定的，他更像是一桶乐高玩具。我很确信自己不喜欢他，因为他过于空虚和散漫。没有一个确定的大卫·鲍伊。”[27] 是不是乐高玩具暂且不论，鲍伊的多种公众形象被视为不断地“埋葬过去”——新的鲍伊不断涌现，老鲍伊随之消逝。作为一名演员，他始终变幻莫测，将“世事无常”人格化。他的歌曲*Changes*的主题是：“变化，就是要成为不同的人……却从未离开无常的河流。”但最终，他还是因肝癌离开了这条“生命河”。去世前，他仍在争分夺秒地制作最后一张专辑 *Blackstar*，其中的歌曲甚至还唱到了他的离世。许多人的生活都曾因大卫·鲍伊而发生这样或那样的改变。我认为他最值得称颂的一点是能给人带来启示，尤其是那些心中有无数个无处安放的自我的人——从想要冲出欲望枷锁的青春少年，到想要过新鲜生活的郁闷会计师。“埋葬过去”的生死观能刺激我们把握现在，把“旧我”抛在身后，活出“新我”。

6. 临终测试

“我这辈子是不是白活了？”[28] 认为自己荒废了一生时光的伊凡·伊里奇，在临终时发出了这样的哀号。托尔斯泰的短篇小说《伊凡·伊里奇之死》的主人公是一位司法检察官，他的一生都忙于仕途，为自己的家庭能立足于上层社会而四处奔波。事业的成功给他带来了社会地位，还有奢华住所、高档家具和用人。他经常举办大型晚宴，但只邀请“对的人”参加。他的女儿即将要嫁给一位事业蒸蒸日上的地方官员。用“夫复何求”形容伊凡·伊里奇再恰当不过。

但是，他在45岁时却卧床不起，因为他在圣彼得堡奢华的自家别墅中悬挂窗帘时重重地摔了一跤。他开始意识到自己追求的生活一文不值。“按世俗的观点，我一直在往上走，但是生活也与我渐行渐远。”他悔恨道。[29] 他可能拥有最好看的窗帘，却没有幸福的婚姻和知心的朋友。身为一名检察官，他手握大权，受人尊敬，但繁忙的工作却让他感到空虚、沉闷。记忆中最美好的时光停留在小时候。在垂死之际，他孤独地面对死亡，深信自己虚度了一生。

除了控诉资本主义价值观和对社会地位的盲目追求，托尔斯泰的这则寓言还为我们提供了最后一种“活在当下”式的“试死法”：如果把我们的目光投放到生命的终点，即我们临终前，回望自己的一生，会有何感受？我们会因自己的成就而自豪吗？是否活出了质量？还是会像伊凡·伊里奇一样，心中充满悔恨？

这些都是非常棘手的问题！通过虚构的人物帮我们做出回答，能更清晰地了解真实的人类在临死前会发出怎样的人生思考。哪些是最常见的终生遗憾呢？一名执行姑息治疗法的澳大利亚护士布朗妮·韦尔试图寻找答案。她的病人一般只剩下 3 ～ 12 周的时间，他们平时会经常谈论几个特定话题，其中最常见的一个是“我真希望自己没有那么拼命地工作”，男性群体尤甚。人们会痛心疾首于花费太多的时间从事永无止境的工作，而忽视了孩子的成长和对配偶的陪伴。另一个常听到的感慨是（伊凡·伊里奇对此肯定感同身受）“我真希望有勇气选择自己想要的生活，而不是别人觉得我应该过的生活”。多项对绝症病人的研究也记录下了许多“终生遗憾”，如人们希望能更加珍惜身边的朋友，能对自己爱的人敞开心扉、诚实相待——其中一个病例记述的是一位年轻人患上了艾滋病，他说自己性取向的事瞒了父母一辈子。[30] 临终前，人们回首往事时，很少会在意世俗成就（如事业或名誉），更多的是关注亲密的感情。

然而，这类研究存在弊端。因为人生在世的最后阶段，是人类最恐惧、最孤单，也是最需要沟通和安慰的时刻。并不是说情感牵挂不重要，只是在其他问题（比如一生是否“有所成就”？是否真正发挥了自己的才能和激情？）面前会被无限放大。

因此，我认为应该尝试一些更为私密的思想实验，来帮助我们审视自己的一生，进而丰富此类研究的维度。心理治疗师将这些思想实验称为“引导式幻想”，可提升人类对死亡的认知。较为常见的一种练习是想象自己在生命的尽头写下遗言（甚至可以写两份：一份“实事求是”，一份“异想天开”）；另一种是想象自己的葬礼，以及亲朋好友可能发表的悼词。他们会把你描述成一个功成名就的人，还是会在字里行间暗讽你的狂妄自大和一无是处？部分理疗师会使用一种更为系统的方法：在一张纸上画出一条直线，起点代表出生，终点代表死亡，然后再画上一条交叉线，代表你的现在。接着观察这张图，冥想5分钟。[31]

以上这些临终测试和《伊凡·伊里奇之死》有异曲同工之妙：帮助我们认真反思自己的生活，是否会在临终前"悔恨当初"。尽管显得有些矫揉造作，却可以帮助一些人厘清生活，选择新的生活方式。换言之，帮助他们活在当下。

想象自己濒临死亡的途径有很多，我个人最中意的方法——好玩又深刻——是从神经系统学家大卫·伊格曼（David Eagleman）的一项思想实验中衍生出来的。[32]

想象一下，你出现在来世的一场晚宴现场，到场的全是你曾经可能变成的那个"自己"：刻苦学习备战考试的你，辞掉第一份工作去追梦的你，酗酒成性的你，差点儿死于车祸的你，以及细心呵护婚姻的你。看着这些自己，有的让人钦佩，有的自以为是，还有的让你感觉不自然。他们之中，你想和谁攀谈？想避开谁？又羡慕谁？哪些是你想成为的自己？

7. 死亡骰子

始终保持对死亡的觉察可以说非常难，因为人类的思维和文化很善于规避那些有关人类存在的事实，如罗纳德·邓肯所说："生命是短暂、有限和草率的。"

我提到的六种“试死法”，从斯多葛派把每天视为生命的最后一天，到想象我们临终前对一生的总结，都在帮助我们应对这个问题。每一种方法都是一个备忘录，提醒我们要遵从贺拉斯“活在当下”的教诲，警示我们生命就像圣毕德尊者所说的那只麻雀，在温暖和光亮中停留片刻，便又飞进了黑暗之中。我们很容易只投靠其中一种人生观，但需要注意的是，没有任何一种方法能解决所有人生困惑，并且这六种途径也不是相互独立的。一种更实用的做法是在不同时期使用不同方法，根据变幻的生活场景“因地制宜”。

本着“人生像一场赌博”的精神，我做了一个“死亡骰子”供自己消遣。六个面上分别写着上述六种“试死法”。随身携带这样一个骰子，可以说是对中世纪在桌子上摆放骷髅的习俗的重现——只是更为隐蔽，也没那么触目惊心。只要我遇到艰难的抉择，或心生郁闷时，就会拿出我的骰子投一下。虽然不敢说自己每次都严格遵行投掷的结果，不过确实给我带来了新的启示，避免遗憾的发生。鉴于你所在地区的礼物商店尚未销售我的“死亡骰子”，我在此提供一个手工模板，你只需要准备剪刀、胶水和一点耐心。

掷“死亡骰子”只是“活在当下”的第一步，“试死法”本身并不会告诉我们应该如何把握时光。它们可能会让我们崇尚享乐主义，也可能让我们热衷于正念疗法，还可能鼓动我们铤而走险，窃喜于即兴生活。由此看来，我们仍需深挖人类“活在当下”的方法，发现它们在生活中的作用。但在此之前，我们必须正视贺拉斯未曾预见的一项阻碍：过去两千年间最严重的一场哲学绑架案。

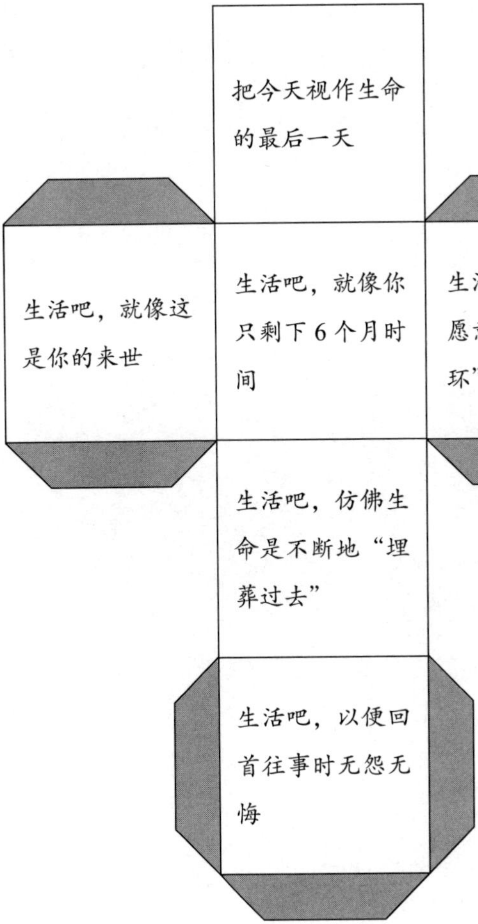

制作你自己的“死亡骰子”：将图案剪下，用胶水粘起。可以每日一投，也可以在重大抉择时使用。遵从投掷结果，无须家长监督。

重新活在当下

CARPE DIEM REGAINED

The Vanishing Art of Seizing the Day

第 三 章

绑架“活在当下”的始末

虽然“盗用”一条人生哲学并不容易，但的确发生了这样的怪事，并且就发生在我们眼前——“活在当下”被绑架了。

乍一看，你可能无法相信。“活在当下”和“把握今朝”仍然是现代生活中随处可见的流行语，即便行走在中国桂林郊外的偏僻小村石板桥上，你也可能遇到一间名叫“Carpe Diem（活在当下）”的青年旅社。这句古老的拉丁格言在现代有了很多“小伙伴”，例如YOLO——你只活一次——因加拿大说唱歌手德雷克（Drake）2011年的歌曲 *The Motto*（《格言》）而在社交媒体中广泛传播。此外，“活在当下”的生活方式也逐渐成为主流：在智能手机和诸如 lastminute.com 网站[1]的帮助下，超过一半的英国旅游爱好者可以提前不到一周时间预定短期行程。

“活在当下”好像安然无恙，但拨开表面，我们会发现一个截然不同的甚至令人不安的景象。我们早已熟悉阻碍我们贯彻“活在当下”理念的因素，其中一些从贺拉斯撰写著作时就已经存在：因缺乏自信导致的犹豫不决；因自身对风险的厌恶导致的畏首畏尾；贷款的压力捆绑着我们的生活，辛劳的工作让我们的时间所剩无几。

然而，更为触目惊心的是“三足鼎立”的出现——在我们毫无察觉之际——歪曲了“活在当下”的理念和行为方式，致使我们做出更为琐碎和肤浅的决定。“三足鼎立”是什么？是 17 世纪基督教和工业革命引发的对效率的狂热追求，是第一次世界大战后形成的“消费资本主义”的流氓意识形态，以及一种叫作“电视”的娱乐文化。它们迷惑人心，让人无法自拔。它们自 20 世纪 50 年代起便“侵略”我们的生活，在无孔不入的数字娱乐时代仍保持“霸主”地位。这三种力量早已深入人心，赶走了“放胆做”的理念，替换成了一系列新的方向：放胆想、放胆买和放胆看。在随后的章节中，我们还会发现第四个绑架者，即宣讲“放胆呼吸”的正念运动。

一旦我们抓住这起绑架案的实质，就会获得足够的力量和启示，夺回贺拉斯曾遗赠给我们的宝贵精神财富。

1. 放胆想：对效率的狂热追求如何攻陷我们的心

我去过一趟巴西，那里每天自发上演的“活在当下”的生活场景，让我深受感动。朋友之间的来往很随意，每次都会畅谈几个小时。贫民区里的孩子会突然在马路中间来一场酣畅淋漓的足球赛，他们似乎不太在意来往的行人和车辆。在聚会时，总会有人弹起吉他，并瞬间引发大合唱。人们会彻夜跳舞，直到天亮，即便这意味着第二天上班会迟到。公交车仍然按部就班地运行，商店正常营业，孩子们也按时上学，但不知为何，这里的人们没有计划生活的习惯，电子日历在这里失去了原有的魔力。

我发现自己爱上了浪漫主义版的巴西即兴生活，虽然巴西也有压力巨大、四处奔忙的人，有开不完的会和接不完的电话。回到牛津的家中，我决定在生活中加入一点“巴西”味道，但我对“活在当下”的全部努力都化为泡影。那天是星期六，我想邀请几位好友到家里来享用周末大餐（配有巴西鸡尾酒），但每个人都不出意料地非常忙。我还试着敲开邻居家的门，来一场友好的午后闲谈，但最终还是觉得是自己一厢情愿。我还想为孩子们安排游戏聚会，结果发现必须提前两周预约他们的时间。当我发现一位我喜欢的歌手当晚要在市里演出时，便邀约三位朋友陪我一起前往，结果其中一位要完成纳税申报单，另外两位正忙于处理堆积如山的工作邮件。由此，得出的唯一结论是：我所处的社会崇尚“放胆想”，而不是“放胆做”。

人类在历史上并非一直如此。根据文化历史学家芭芭拉·艾伦瑞克的研究，中世纪和工业革命前夕的欧洲民众，便生活在自由、即兴、欢乐的“活在当下”的气氛中，其程度远远超出现代人的想象。[2]当时盛行丰收庆典和宗教节日，到处是大大小小的宴会、游戏、狂欢，以及有着木偶戏、滑稽剧和美酒的乡村集市。在嘉年华期间，男人们会打扮成女人或野兽，农民会穿上祭祀或地主的长袍，尽情地嘲弄讽刺他人。嘉年华成了定期举行的传统活动，而且其中充满了不可预知的小插曲。13 世纪、14 世纪的欧洲大陆刮起了跳舞狂潮。“中世纪时期，教堂和墓地都能看到人们舞动的身影，尤其在诸如‘愚人庆典’等节日期间。”一位年代史编者曾这样记述。另一项纪录是 1278 年，在荷兰乌得勒支的一座桥上，200 人同时跳舞，直到桥梁最终坍塌（所有人都溺水而亡）。[3] 18 世纪前，大部分劳动者还不习惯工作时间的存在，当时的假期很多。纺织工和补鞋匠在周一从来不工作，因此被称为“圣星期一”或“补鞋匠的星期一”。[4] 尽管当时的生活充满了劳苦、贫穷、不幸和恐惧，却点缀着无数的庆典和欢乐；相比之下，当代生活可以说是乏味至极。

我们什么时候丢失了对生命的热爱？德国社会学家马克斯·韦伯（Max Weber）将其归咎于 16 世纪、17 世纪开始蔓延的新教徒典范。清教徒的禁欲主义如同“冰霜”一样封锁了英国和其他国家的社会生活，并“将所有矛头都指向了同一件事：对生活及其中的一切的即兴享受”[5]。教堂当局禁止了所有狂欢节和庆典，还颁布了诸多法律明令禁止市集、舞会、运动比赛和剧院活动。取而代之的是一套全新的系统化生活方式——以自由和活泼的生活为耻，人们应该低头干活，去教堂做礼拜。“浪费时间”被上升为一种死罪，守时变成了一种美德。[6] 这种压迫式的意识形态与一种古老的基督教观念相吻合。这种观念可以追溯到 5 世纪的圣奥古斯丁时期，认为快乐不是这辈子享受的，而是上帝对真正信徒的来世中的奖励。换言之，我们在世的时间注定要用来受苦，要寄希望于来世的幸福。[7] 对可望而不可即的未来的承诺足以让我们感到开心。

基督教不是消灭“活在当下”的唯一势力。一种更为强大也更普遍的力量是工业资本主义及其最有效的工具——工厂时钟。大约从 18 世纪开始，城市工业化迫使数百万工人进入一种受管制的生活中，以便服务于资本主义。劳工如果迟到，就会被扣工资，并且要求他们一直在纺织厂和煤矿场工作，直至下班钟声响起。历史学家 E. P. 汤普森写道，在 1780 年至 1830 年期间，"'普通'的英国工人承受着更加严厉的要求，逐渐受控于'工厂时钟'规定的生产节奏，变得克制、易控，不再富有激情和自觉性"[8]。1913 年，亨利·福特研发出装配流水线，进一步强化了制度的效用；对"工时与动作"的研究也大大加快了工人的作息节奏，提升了工厂的产出和效能。

这些看上去好像和我们不相干，却在我们的精神世界中留下了烙印。这让我明白：为什么我的一位朋友和我打招呼时会说"早晨的收获如何？"为什么我们会经常因为"浪费时间"而有负罪感，仿佛我们的脑中住着一位清教徒牧师，随时教训我们不要无所事事？为什么要为孩子安排满满的课外活动，剥夺他们的课余时间？为什么我们要不时地查看时间，而时间早已被手机、手表、闹钟、电脑、微波炉和拥堵的交通所霸占？为什么我邀请一位朋友来咖啡馆小聚时，她会立刻查看手机里的日历，然后半开玩笑道："我看看能不能腾出档期。"大部分人都过着忙忙碌碌的生活，根本无法活在当下，也很少意识到会因此失去什么。工业革命前的那种自由好像已经从人类的文化记忆中彻底消失了。

法国哲学家米歇尔·福柯（Michel Foucault）把我们所处的世界称为"规范化"社会，秩序和控制（大部分都是自我强加所致）的普遍性早已超出我们的认知。[9] 在过去的二十年间，我们对规范和效率的要求越来越高，在我看来，是因为"信息炸弹"轰炸了电脑、手机和人类的头脑。1621 年，书房里塞了 1700 本书的作家罗伯特·伯顿（Robert Burton）如此感叹日益恶化的信息过载："每天都有新书、手册、报纸期刊、故事集问世，形形色色、五花八门，裹挟着各种悖论、观点、派别、异端和永无休止的争论。”[10] 恐怕，如今的数字信息爆炸更会让他无力招架——数百万条维基百科和 YouTube 视频，上亿条推文、状态更新和无数封电子邮件。我们的手机如同塔迪斯（译者注：英国科幻电视剧《神秘博士》中出现的一种时间机器和航天器），能带我们进入“宇宙图书馆”，类似于豪尔赫·路易斯·博尔赫斯（Jorge Luis Borges）于 1941 年编著的故事《巴别塔图书馆》（*Library of Babel*）中的描述，里面的每本藏书都有多种语言版本，真实可信的、虚假捏造的，还有对福音书的备注以及备注的备注，等等。

强加在我们身上的“规范化”不仅源于工厂时钟和虔诚牧师的“遗赠”，还有过量的数字信息。人类试图通过研发高效的系统来应对过载问题——精准筛选邮件，以便合理分配社交媒体时间。层出不穷的应用程序帮助我们标记和整理所需的信息，便于我们在慢跑和上厕所（75% 的人会在如厕时看手机）时查看订阅的播客和文章——但仍避免不了偶尔不堪重负的无力感。[11] 在处理生活中的过量信息方面，一种常见的方法是同时进行多项任务，但实际情况却“事倍功半”。与其称为“同时进行”，不如说我们只是在多项任务间不断地快速切换。在这个过程中，效率变得越来越低。部分原因在于，快速切换任务会刺激压力荷尔蒙的分泌。统计学在这方面有惊人的发现：如果你手中正处理一项工作，而心里却惦记着收件箱中的未读邮件，这会让你的智商下降 10 个点。

最终结果是我们投入了大量时间和精力，试图应对信息洪流及其衍生出的各种选择和决定。我们做的不再只是选择，还要选择如何选择，这使我们变成了数字化信息的元数据处理器。

为什么我们会觉得很难“拆除”信息炸弹？其中一个原因是人类的大脑并未发展到能够很好地处理如此密集的电子信息的程度。前额皮质偏爱新奇事物，所以我们的注意力很容易投放在屏幕上弹出的新消息或视频，并忍不住按下“点击进入”的链接。我们会认为这是一种消遣，因而产生一种愉悦的情绪（即使我们最终会因为“耽误正事”而懊恼不已）。

依照前谷歌设计伦理学家特里斯坦·哈里斯（Tristan Harris）所说的，致使这一问题形成的部分原因是数字科技以“绑架人类的心理弱点”为设计初衷，以提供“源源不断的丰富奖励”来实现绑架，这也说明为什么老虎机会让人如此上瘾：拉动手柄后，要么得到丰厚的奖品，要么一无所获，期望下次能得到幸运女神的眷顾。哈里斯说，事实上，“成千上万的人随身携带的都是一台老虎机”。我们拿出手机，点击刷新，期望各种社交媒体的新信息。如果没有，就会情不自禁地再次查看，希望下次能有所收获。[12]

面对海量电子邮件、消息和其他数字内容，我们可能会竭尽全力地提高效率，精心规划时间，完成任何一个待办事项都会获得强烈的成就感。但是，这种平和的应对心态是需要付出代价的：“活在当下”的精神离我们的生活越来越远，导致我们更多的是“放胆想”，不是“放胆做”。我们几乎忘记了自由和即兴的感觉，已经不再像中世纪尽情舞蹈的先辈那样，让自己沉浸在此时此刻。这是绑架“活在当下”精神所导致的巨大的文化流失。

2. 放胆买：耐克如何教我们抓紧信用卡

他们不戴强盗头套，也不使用枪支或勒索信，而是通过他们精明的“同伙”——品牌战略师、策划人、创意总监和电子商务经理。对，就是广告营销行业，绑架了“活在当下”。

自精神分析学在20世纪20年代兴起以来，各大品牌公司（和拿了钱的心理学家）便一直试图带动我们的情绪，刺激我们无意识的欲望，点燃我们的自我，让我们不断地购买，滋养日益庞大的消费文化。这些“劫持者”使用的最有效的一种“诡计”便是营造环境，将消费冲动注入“活在当下”的直觉中。被精心设计的购物行为能激起人类对消费的冲动和对即时满足感的渴求，并进一步强化规避风险、小心谨慎的自我。

一个很恰当的实例是营销专家所说的“店内布局”。几乎所有超市的收银台旁都会摆放小零食、折扣商品和八卦杂志，这种摆位就是要激起一种“活在当下”的冲动消费。心理学家认为，逛超市是一种消耗体力的活动，浏览琳琅满目的商品时，我们的大脑需要不停地做决定，很容易导致“决策疲劳”。当结账时，有限的意志力已经消失殆尽，此时的我们便会不由自主地把一板巧克力放进购物车，这就是“抓住糖果”的例子。此类摆放策略佐证了为什么约40%的民众在商店的支出会超出原本的预算，还有三分之一的消费者称每周都会有冲动消费，平均每笔约30美元。在美国，冲动消费每年会产生40亿美元的销售额。

另一种“诡计”是利用精心编写的语言引诱我们抓住机会，从而改变“活在当下”的本意，营销学术语叫“饥饿营销”。想想那些促销标语：“售完即止”“清仓大甩卖”“机不可失时不再来”（另外，红黄色的标语效果最好）。而“黑色星期五”的出现将这一切推向新的高潮，几近疯狂的民众涌进各大商场，只为抢夺“仅限一天”的促销商品。

以上这些销售策略算不上新鲜，第一次世界大战之后，各大百货公司如塞尔福里奇、梅西百货公司和乐蓬马歇百货公司等就已推出季节性促销活动。[13] 当今科技发展为零售业带来了巨大转变和冲动消费的新机遇，塞尔福里奇的创始人哈利 · 戈登 · 塞尔弗雷奇（Harry Gordon Selfridge）因此感到惊讶。有谁不喜欢线上购物和快递派送带来的便捷呢？亚马逊网站的销售统计数据显示，全球超过 3.04 亿的民众拥有亚马逊网站的会员账号，而亚马逊 Prime 客户（支付额外费用，享受极速配送等高端服务）的数量仅在美国就已达到 540 万，其中每一位平均每年消费 1100 美元。[14] 亚马逊于 2000 年推出的一键式科技，被广泛认为是该公司销售额倍增的主要成因之一，而这一科技早已在全球电子零售业中得到普及。从更广泛的角度看，约五分之一的民众表示，移动科技加深了他们冲动消费的欲望。[15]

无论是线上购物还是实体店消费，我们通常都会得到一种愉快的“活在当下”的体验，尽管我怀疑贺拉斯的《颂诗十一篇》是否真让我们去学习讨价还价。此外，就消费文化如何绑架“活在当下”的问题，以上内容也只算是“导言”，我们需要从更深层、更系统化的角度进行探究。而这一过程，需要终极“放胆做”公司——耐克的帮忙。

整个 20 世纪 80 年代，有氧运动和健身市场蓬勃发展，锐步是市面上发展最快的品牌，而耐克始终处于下风。但在 1988 年至 1998 年间，耐克成功逆袭，在美国运动鞋市场的份额从 18% 猛增至 43%，全球销售额也从 8.77 亿美元飞跃至 92 亿美元。仅仅 10 年间——尽管耐克的“血汗工厂”（sweatshop）事件闹得沸沸扬扬——该公司成功改变了数百万消费者的穿着习惯，运动鞋和运动衣不再只是慢跑或打篮球时的装备，更变成了日常的时尚单品。到了 20 世纪 90 年代初期，一个普通的美国人就拥有 4 双运动鞋，时尚男孩则至少拥有 8 双以上。[16] 约 80% 的耐克波鞋都未用在为其所设计的体育活动中：民众穿耐克鞋不是为了跑步，而是逛商场。[17] 洛杉矶和纽约帮派甚至将耐克鞋视为“猎物”，他们不惜持枪抢劫，只为获得一双垂涎已久的 Air Jordan 篮球鞋。

耐克是如何取得如此惊人的营销成果的呢？法宝在于他们“活在当下”式的广告语：放胆做。从 1988 年推出至今，依然风靡全球。“放胆做”一直被评为史上最成功的品牌宣传语之一，投放对象不只是男性运动员——耐克早期广告的重点方向——新阶段的目标是吸引所有人：从女性上班族和身材发福的长辈，到缺乏安全感的青少年和流行前沿的时尚达人。这句品牌标语巧妙地迎合了人们对健康的重视以及对个人发展的渴求。此外，通过邀请运动场上的明星（如迈克尔·乔丹）加入，试图传达一种信息：无论你是谁，或从事什么工作，只要坚持不懈地努力，就能战胜一切，成就自我。很快，各大健身房、大学生寝室和办公室的墙壁上，随处可见这样的海报：一个人奔跑在路上，旁边附上一行字——此时的你，可能无法出入高级场所、住进高档小区、考进名牌大学，但是通往那里的路就在你的脚下，放胆做吧！[18] 当然，运动鞋的销量节节高升，进入千禧年之际，耐克一年在全球范围内卖掉1亿双鞋。“放胆做”成功演变成“放胆买”。

耐克战略的过人之处在于没有“过人之处”，只是借助了消费资本主义增长的常见方法之一，将购物行为与重塑自我相关联。在近一个世纪的时间里，广告商卖的不仅仅是产品，还有能够带动个人发展的生活方式和期许。[19] 他们想让我们忘掉甘地的名言（在这个世界上，你必须成为你希望看到的改变），相信可以买到自己想要看到的改变。比如，买一双100美元的鞋，你就可以重新定位自己，变得更快、更强、更成功，成为迈克尔·乔丹、老虎伍兹或玛利亚·莎拉波娃那样的人。真是一笔不错的买卖！这种明星引导的战略对我特别适用，我清晰地记得自己作为青少年球手时入手的第一双耐克网球鞋，它带给我的不只是速度和轻便，还有爆棚的自信，仿佛自己可以像耐克赞助球手、我的偶像约翰·麦肯罗一样接发球。

通过宣传如何重新定位自我，耐克——和其他所有广告商一样，让我们通过所穿的服饰或开的车来改变自己——将我们的生活选择越来越多地投射到物质消费领域中。这种演变属于20世纪70年代开始上演的一种文化发展趋势，我们越发倾向于在消费行为中寻找自尊、社会认同、自我表达和归属感。一种新的人生观开始弥漫在西方世界中：我消费，故我在。1972年，文化评论员约翰·伯格（John Berger）在自己的著作和纪录片《观看之道》（*Ways of Seeing*）中，对这种发展趋势做出了以下评价：

> 广告不只是同类形象的集合，更是反复用作推销的语言。广告可以提供不同的选择，比如这块奶油、那块奶油，或这辆车、那辆车。但作为一套系统时，广告只会提供一种选择。它的目的是让我们通过不断购物的方式，来改变自己或是生活……广告会向我们展示已经改变了的人物形象，从而让我们信以为真。[20]

如此“活在当下”的后果是毁灭性的。如果我们欣然接受消费主义是自我转变的关键，那么就会在这条路上越陷越深。零售店或线上购物无法满足的那些生命体验，会被我们无情地忽视掉。正如社会评论家乔治·蒙博（George Monbiot）所说：

> 假如让我们的祖先大胆预测，在一个物质高度繁荣、大部分宗教和文化禁忌都已失去威慑力的年代里，生活会是什么样？他们中会有多少人猜得到我们偏爱的活动不是激烈的政治会议、假面狂欢、哲学辩论、狩猎或冲浪，而是购物，看别人假扮开心？……又有多少人能猜到，富可敌国、自在悠闲的阶层会把时间花费在购买切洋葱防护镜和麦草榨汁机上？人，生而自由，却迷失在连锁店之中。[21]

购物成为人类最流行的休闲活动之一，这在历史上尚属首次，“抓紧时间”变成了“抓紧钱包”。消费文化挤走了无数个令人开心又不乏意义的娱乐项目：不只是假面狂欢（并非适合所有人），还有更多日常生活中的活动，如参加摇摆舞训练班或和朋友一起玩极限飞盘等。取而代之的是一种乏味的自由：在五花八门的品牌间做选择。20 世纪 90 年代的选择是耐克或锐步，如今变成耐克或阿迪达斯、苹果或三星，还有可口可乐和百事可乐之间的经典博弈。[22] 无孔不入的醒目广告牌、电脑弹出广告和电视广告，把我们的注意力冲击成“一盘散沙”，我们逐渐模糊什么是生命中真正重要的东西，“活在当下”被卷入无数琐碎的选择之中。

难道我们入手一双耐克训练鞋，就没有相对温和点儿的理由吗？比如，产品质量很棒，或者我们恰好需要一双这样的跑鞋。另外，如果购物能给我们带来非常好的自我感觉，那么购物本身又有什么不妥呢？

我恰好想到，包括约翰 · 伯格和乔治 · 蒙博在内的评论家的观点在很大程度上都是正确的。没人真的相信官方的言辞：把广告描述成一种中性的媒介，只是提供一些客观信息，以帮助我们做出更好的选择。市场营销和品牌专员特别善于创造出我们从未有过的需求，然后使我们购买他们的产品——真的有人需要切洋葱防护镜吗？他们之所以每年投入高达数十亿的广告费，并高薪聘请心理学家做品牌顾问，是因为市场收效显著。很少有人愿意承认自己受到了他们的“蛊惑”，我们宁愿相信自己的消费选择源于自由意志和个人喜好。所以，我们会选择购买这个艺术装饰灯罩或那把 60 年代仿古扶手椅。但是，为什么如此卓尔不群的物品，会重复出现在三个好友的家里呢？这是因为，品牌背后的智囊团帮我们做出了选择。我们对此起了一个折中的名字——时尚。

当然，我不是说所有的消费行为都是心理干预的产物——质量、美感、便携性和适用性都是我们考虑的要素。你手里的 iPhone 不仅有靓丽的外观，还能在你迷路时指引方向，在车辆故障时呼叫抢险急救，或帮你拍下孩子蹒跚学步的瞬间。不过，重点在于隐藏背后的劝诱远超乎我们的想象。[23] 任何关心“活在当下”的人都应该冷静地思考一下，消费社会如何塑造了自己的生活，而不是自欺欺人地认为“众人皆醉我独醒”。

商业这个“旋转木马”转呀转，我们也越发努力工作，只为购买那些我们认为能给自己带来快乐的东西。殊不知，我们应该停下来想一想，抓紧钱包或塞满购物车到底是不是对“活在当下”的最好诠释。我们可能倾向于享受选择消费的快感，不过，面对 63 种耐克 Air Max 鞋款（对，真的有 63 种）、某咖啡连锁的 17 种咖啡或亚马逊网站上 30 多种园艺锹，这样的选择到底有什么价值呢？这种自由真的重要吗？在过去的一个世纪里，消费主义渐渐被植入了“活在当下”，这场悲剧笼罩着我们的生活，“放胆做”也就演变成了“放胆买”。所以，是时候打破捆绑我们的“购物锁链”了。

3. 放胆看：电视娱乐如何打造“假装生活”的时代

我小时候特别喜欢看电视，每天上学之前会看上一个小时〔《雷鸟特攻队》（*Thunderbirds*）和《超级英雄》（*Superheroes*）〕，晚饭前至少看一个半小时〔5:30《幸运之轮》（*Wheel of Fortune*），6:00《超级三人行》(*The Goodies*),6:30《神秘博士》(*Dr who*)]。如果了解人们看电视有何收获,你就会明白为什么电视是西方世界中最受欢迎的娱乐项目。电视能让我们感到轻松,忘掉工作的压力,逃离现实生活,跳进虚拟世界,享受古装剧的浪漫、动作片的刺激和原始森林的探险之旅。对于老年人和社交甚少的人群来说,电视是治疗寂寞的良药;在身心俱疲的父母眼里,电视就是“保姆”,能让孩子安静下来,自己好腾出时间做饭或休息片刻;电视还是家庭黏合剂,能吸引一家人围坐在一起,在广告间歇的时候闲谈几句。此外,还有丰富多彩的教育类和信息资讯类的电视节目,比如整点新闻、自然类节目和历史纪录片等。[24]

少年时期,我居住在悉尼郊区,那时我总是躺在儿童懒人沙发上,在《超级三人行》和《梦幻岛》之间做着痛苦的抉择。我当时没有意识到,自己正经历着人类历史上一场最重要的文化转型期。1925年,伦敦塞尔福里奇百货商店展出史上第一台电视机,之后短短50年间,99%以上的西方家庭都拥有了电视机。如今,一个普通的欧洲人或美国人平均每天观看3个小时的电视,当然途径可能包括平板电视、电脑、手机或其他设备(大部分人会低估自己看电视的时长)。这个时长不包括其他数字娱乐项目,如上网、社交媒体、收发信息或电子游戏等。所以,看电视占据了我们娱乐总时长的一半,除了上班和睡觉,这是消耗时间最长的单个活动项目。[25]电视到底占去我们多少时间呢?也许最有效的方法是将下面的这个统计数据粘在遥控器上:假设你的观看习惯处于平均水平,如果活到75岁,那么生命中的9年都在看电视。

也可以重现前文提到的方法：想象自己临终前，回望这一生——成功、失败、珍爱和悔恨，以及所有的开心和伤痛，其中近10年的光景一直在盯着电视。我怀疑有多少人会回想起观看《生活大爆炸》重播时的喜悦。

在如今这个智能手机和平板电脑的数字世界里，你可能认为电视已经在我们的生活中失去了地位，如果说绑架“活在当下”，劫持者更可能是翻看手机刷新社交媒体。然而，相关时间使用数据显示，电视仍是目前主要的数字娱乐项目。多项关于美国成年人对不同电子设备的使用时长的严谨调查证实，智能手机占用每天时间的12%，电脑占用9%，平板电脑占用4%，广播占用18%。但压倒一切数据的仍是电视，高达51%！虽然18～35岁的人群很少看电视，即便看，也是同时浏览着其他电子设备。但总体而言，即使是手机重度使用者也会每天花费一定的时间观看约翰·罗杰·贝尔德（John Logie Baird）的神奇发明——电视。一项针对青少年媒体使用情况的重要报告得出这样的结论：“即便在这个新媒体世界，电视——以多变的形式——仍统治着媒体消费。”[26]

电视仍能占据霸主地位得益于科技的发展，衍生出的新颖的观看方式足以保持甚至延长人们的观看时间。尽管主流形式仍是在传统电视机上观看直播节目，但“时移电视”（译者注：观看数字视频广播电视时，可对节目进行暂停、快进或后退等操作）正以迅猛的速度发展，观众可以通过“点播”或“回看”等功能自主选择观看时间和内容。如今，我们还可以在不同设备上观看电视节目和电影，无异于把电视机装进了口袋和书包里。面对烦心的日常通勤，有什么比在手机或平板电脑上看一集电视剧来得更舒心呢?

写到这里，我们不禁要问：被电视消耗的时间，是在何地，以何种方式，冲击“活在当下”的呢?

电视从20世纪70年代成为全球主流文化力量以来，一直遭到无数人诟病。电视暴力是否滋生出社会暴力？企业媒体是否影响了正常的新闻播报？快餐广告是否导致儿童超重，爱上垃圾食品？大部分批评和讨论的焦点都放在了内容上，而我关注的是媒介本身，而非它所传达的信息。

如果我要求正阅读这段文字的你，立刻活在当下，你应该不会打开电视，来回换台。大部分观众承认电视脱离实际生活经验。活在当下倡导的是亲身经历，而不是透过屏幕观看其他人的经历。自己参加探戈课程与观看明星在《舞动奇迹》(*Strictly Come Dancing*)中跳舞，存在着本质区别。同样，电视里一场激烈的网球赛可能让你激动得手心出汗，但完全不等于你亲自在球场上奋力奔跑。

1978年，曾任电视广告执行官的杰里·曼德(Jerry Mander)在其经典著作《消灭电视的四个论点》(*Four Arguments for the Elimination of Television*)中，将这种观点演绎得更为深刻。“在人类进化的世世代代中，美国只用了一代人的时间，”他写道，“就变成了首个用间接视角代替对世界直接体验的国家。”[27] 曼德强调，间接体验本身并不新鲜。比如，18世纪开始兴起的读文识字，使书籍成为我们获取知识和乐趣的主要渠道。但曼德认为，电视营造出的虚拟环境是前所未有的，这加速了“二手经验”的传播，“代理生活”的理念得到宣扬。相比过好自己的生活，每天花费大把时间坐在荧幕前观看别人的生活已成为常态。从历史角度看，这确实是令人匪夷所思的现象。

曼德将电视标榜为有别于真实生活体验的虚拟活动，是否失之偏颇？看电视是一种丰富多彩的体验，可以是一种感官投入（至少是眼睛和耳朵），也可以成为一种公众消遣——比如我们在酒吧里观看世界杯总决赛或是超级碗橄榄球比赛。同时，得益于数字记录和流媒体技术，我们可以主动选择观看的内容和时间，自由度得到前所未有的提升。

然而，总体来说，看电视是一种颇为被动的生活方式。诚然，我们偶尔可以参与电视真人秀中的投票环节，但其余大部分时间，我们只是在盯着屏幕，在广告间歇时闲聊两句或快速回复朋友信息。与其他数字化活动不同，比如和妈妈聊网络电话或与身处外地的好友一起玩网游，电视的参与度相对较低，属于被动体验中排行靠后的娱乐项目。不过，电视是一种不错的放松工具，它能调动你的情绪，还能起到教育作用，这一点比刷新脸书状态强多了。但是，在呈现活在当下的基本要素方面（鲜活的生命感和主观参与性）却不尽如人意。我们是透过光的电子棱镜折射，在人为创造的平面世界里体验生活，具体形式包括情景剧、新闻报道、卡通动漫、法治报道和真人秀（众所周知，里面都是捏造的场景和剧情）。正如文化评论家居伊·德波（Guy Debord）在20世纪60年代末预言的那样，我们把自己沉浸在“假象世界”中，“一切真实的生活体验都可以被代替”。[28] 当然，并不是全部的生活体验，只是其中的9年而已。

纵观电视带来的所有愉悦，不难得出这样的结论：大部分人——不分阶级、种族、性别或年龄——在生活中随处可见的二手生活体验，就是绑架“活在当下”的力证。中世纪的先辈们忘我地投入到嘉年华狂欢中，如今的我们却满足于观看30分钟的相关纪录片。不仅如此，我们每天为电视贡献出的3个小时，本可用来从事其他活动，比如学习弹奏尤克里里，训练爱狗参加克鲁夫茨狗展（译者注：全球最大的狗展），坚持每日冥想，或在后院仓库里研发新一代太阳能电池板。但如果你每晚的默认活动就是坐在电视机前，那么以上这些项目可能都会付之东流。历史上最伟大的“活在当下”的实践者们，从马可·波罗到阿梅莉亚·埃尔哈特，他们是电视爱好者吗？对此，我持怀疑态度，因为他们爱好的是投身于生活实践的事业当中（尽管我认为，马可·波罗肯定会在旅途中不停地发博客和推文）。

难道旅游类节目不会激发我们来一次骑行，横穿撒哈拉吗？创意儿童节目不可以教会孩子如何用棒棒糖搭建一座城堡吗？[29] 难道电视就无法让我们从沙发上跳起，投入到真实生活中吗？答案是可以的……但只限少数情况。长达数十年的研究表明，电视通常是一种强大的“催眠剂”，打开电视意味着关闭生活中的其他事务。首先，会影响人类的性生活：如果卧室里摆放电视，那么性生活的次数会减半。[30] 因为电视让我们越发懒惰，重度电视爱好者会大大缩减体育运动量，女性尤甚。[31] 其次，过多观看电视还会降低民事和政治参与度，比如没有时间参与投票、抗议或志愿者活动等。[32] 另外，还会对儿童造成伤害。学龄前的小朋友如果花费过多的时间看电视，就会失去发展创意思维和动手能力的机会。[33]

还有一件小事我忘了提：电视会害死你。我在做研究时看到著名的《英国运动医学杂志》刊登过一篇令人吃惊的文章，其中写道：

“平均来说，一位25岁的年轻人每看一个小时的电视会相应减少21.8分钟的寿命。”[34] 如果有什么能够阻止你活在当下——或做任何事情——那便是过早地失去生命。但是，这种统计学上的可能性真实可靠吗？看上一个小时的《神探夏洛克》就被判了“死刑”？后来我发现，一项针对数万民众的公共健康调查再次证实，看电视以及其他形式的久坐行为（如整天对着电脑）与死亡率有直接联系。即使你定期健身、注意饮食，长时间看电视或久坐也会增大死亡的风险，尤其心血管疾病。预防医学专家开始意识到，人体的构造不适宜长期静坐不动，久坐不利于我们的身体处理脂肪和其他物质，进而增加发生严重的心脏疾病的风险。[35]

有趣的是，以上这些论点可能并不会说服你少看电视。原因在于电视具有强大的上瘾特质，即便人们心里强烈地意识到应该减少看电视时间，却仍无法做到这一点。调查显示，40%的成年人和70%的青少年认为自己看了太多的电视，10%的成年人表示已染上“电视瘾”。德国研究员发现，在所有想要戒掉电视的人里，有一半最终以失败收场，但他们在拒绝贪睡或吃零食方面却有不俗的表现。另外一些研究则指出，看电视的时间越长，人获得的快乐越少。不过，即使节目再无聊，他们也不会关掉电视。[36] 回想一下，每当电视节目或电影结束时，你有多少次想问自己：“为什么我要花时间看这种垃圾？”反正对我自己而言，次数已经多到羞于承认。

为什么电视对我们有如此大的控制力？电视又是如何“催眠”我们的？其一，电视打开了我们的“定向反应”（伊万·巴甫洛夫于1927年首次提出），即我们对突发或新奇刺激的本能视听反应。电视节目和电影借助技术手段，例如快速剪辑、缩放镜头、摇摄和突发声响，以每秒一次的频率出现在我们面前，几乎让我们持续不断地进行定向反应（如果你看过《乐高大电影》，一定深有体会）。换言之，他们非常善于捕捉我们的注意力。其二，电视能放松我们的心情。人们普遍反映，打开电视的瞬间就会让自己拥有愉悦的心情。随着时间的推移，这种快速的条件反射会让我们把看电视与放松身心相关联。相应地，关闭电视会导致愉悦的心情迅速流逝。这就是成瘾的原理：以镇静剂为例，药效迅速消失的品类要比缓慢消失的更容易导致上瘾，因为迅速消失导致药效过于显著。电视几乎演变成了一种生理渴求：我们每天都渴望来一针“轻松药”。[37] 电视成瘾的特质像极了阿道司·赫胥黎（Aldous huxley）的《美丽新世界》（*Brave New world*）中麻痹当地居民的快乐药丸“苏麻”（soma），这令人感到恐慌。

当然，每个人都需要正常程度的放松，但没有其他途径可以释放压力和焦虑吗？比如爱人送上的按摩（如果你有这个福分）或是独自烛光浴（如果你没前面那个福分）。相对于和电视里的现场观众一起笑，能和真实的朋友在现实中一起开心，乐趣不是更多吗？除了晚间新闻（播放经过精心挑选，满足视觉效果、剧情要求以及“打包性”和新闻价值并重的两分钟一段的要闻），难道就没有其他方式能了解世界局势吗？[38] 难道我们不应该像一些研究表明的那样，更多地参加需要某项技能或努力（从园艺到木工）的项目，从而获得比看电视更多的成就感吗？[39] 最后，花费生命中宝贵的9年，获取电视带来的二手快乐，而不是亲自体验生活，这样做真的值吗？

我并不是建议大家彻底放弃电视。自从古希腊人建造了公共剧场，人类便爱上了娱乐活动——这也是我为什么如此喜爱 BBC 出品的 6 集电视剧《狼厅》(*Wolf Hall*)。除了娱乐，电视还有其他功能：美剧《火线》(*The Wire*)让我对美国社会有了更深的了解，远比阅读一堆社会学书籍来得更实用；和父亲一起观看板球对抗赛，也是神圣的父子关系中一项重要的仪式。但是，如果我们想要进一步活在当下，最直接的办法莫过于：缩减电视时间，夺回被绑架的活在当下的机会。

在这个逐渐被屏幕包围的世界里，虽然电视仍占据主导地位，但并未影响其他形式的数字媒体对"活在当下"发起攻击。为此，我们应该制定一系列战略措施，减少自己与它们的接触。但这又谈何容易，它们都具有极高的成瘾特质。有些人强迫自己进行"数字节食"，利用手机软件（如"反社交"）关闭指定的网站，如 YouTube、脸书或 Netflix；还有人为了快速戒掉网瘾，开始使用戒网助手 Freedom 软件，可在设定的时间内彻底切断网络连接。如果想戒掉电视，可以尝试将其锁在碗橱的最顶层，只在最需要的时候再搬出来（一种极端的手段，对我很奏效）。另外一种比较温和的方法，是每周给自己限定观看电视的时长。

控制电视时间也会引发问题，人们会因为想不到其他可以做的事情而很快感到无聊，如果这个问题得不到解决，甚至会越发急躁。实践证明，一种最有效的戒瘾方法是写下所有简单、易实现的非电视娱乐活动，每次想要打开电视时都参考一下。[40] 如果有必要，也可以贴在电视上，强迫你做出明智的选择：此刻，我真的想用自己宝贵的生命观看这个节目吗（极有这个可能）？还是有其他更好的选择？虽然这种方法看起来有点做作，但这是向新生活和新习惯迈出的重要第一步：开始放胆做，忘记放胆看。赶快吹去尤克里里上的灰尘，弹起来吧！

4. 选择的神话

两千年来，贺拉斯的《颂诗十一篇》一直号召我们要活在当下，以防后悔莫及。但这位罗马诗人无法预见的是，如今的我们受到来自多方的劫持威胁。毫无疑问，信息过载和社交媒体给我们带来巨大的冲击，数字技术需要承担一部分责任。此外，还有更古老、更根深蒂固的因素在作祟：宗教改革和工业规范的“余毒”让我们开始“放胆想”；有近百年历史的心理营销诱导我们“放胆买”；在互联网尚未出现的年代，电视的发明早已让我们陷入“放胆看”的假装生活中而无法自拔。

这场绑架最让人震惊的是，我们对整个案件浑然不知。大街上没有抗议夺回“活在当下”的示威游行，也没有政府派遣的特别组织出击行动。大部分人并不清楚，自己已经成为一起重大的现实主义罪行的受害者。

导致这种情况的原因之一，是我们不断地被灌输一种文化理念，认为自己生活在一个具有空前选择权的时代。从经济学者和技术专员，到营销主管和心理医师，所有专家学者都在宣称，巨大的选择空间是我们这个时代最典型的特征。[41] 在某些层面上，他们是对的。

例如，我每周都会在线上超市购物，单单有机食品一栏就有 1600 个可选项；数字电视极大丰富了我们的观看体验；廉价航空为更多人打开了旅行之门。

充足的选项让我们以为"活在当下"的理念也得到了相应的延展。如果生活途径和自由度均得到了提升，那么即兴生活、尝试新奇、活在当下也就显得合情合理了。

但实际情况是，我们的选择时代是一个巨大的假象。由于这场我们浑然不知的绑架案，在生活里最重要的一些领域中，我们能做的选择已经大大缩减，甚至消失，或已被篡改成毫无意义的琐碎行为。

我们如何才能赢回"活在当下"，并制伏那些绑架者呢？我认为不应该直接反对效率狂热和消费主义，或彻底戒掉电视瘾，因为这样可能会导致全盘皆输。一种更为稳妥的策略是找到更好的替代品，让我们主动转向全新的生活方式。为此，我们必须勾勒出当今世界里"活在当下"的样式——一个我们可以追求的目标。然而，并没有哪个样式或形象可以概括一切。我们必须重新发掘人类在过去几个世纪中总结出的经验：机遇、享乐、现时、即兴和政治。这才是我们的希望所在，这样才能战胜劫持者，夺回我们的自由。

CARPE DIEM REGAINED

重新活在当下

The Vanishing Art of Seizing the Day

第四章

把握机会的艺术

还记得伯纳德·乔丹吗？那位勇敢的89岁海军老兵，决定逃出养老院，参加登陆日70周年纪念活动。他的勇敢之举是一宗完美的“活在当下”之罪，同时也代表了一种非常典型的“活在当下”的方式：抓住转瞬即逝的机遇。自18世纪以来，这种方式一直是“活在当下”在流行文化中最主流的解释，比其他方式（如追求感官愉悦或活在此时此地）更常见。[1] 如今，我们的语言已经衍生出很多词语，提醒我们抓住生命中昙花一现的机遇，比如“稍纵即逝”“机不可失”“时不我待”等。

巧合的是，正如伯纳德拥有海军经历，“机会”这个词也蕴藏着军事背景。最初起源于拉丁语 ob portum veniens，意思是“进港”，指的是借助一阵顺风把船吹进海港。所以，机会就像是“一阵顺风”，而我们恰好在对的时间出现在对的地点。问题是，我们是否会扬起风帆，调整角度，搭上这阵顺风。不过，这样做有导致我们因冲力过大而发生触礁的危险，对此，我们是否有勇气战胜这样的恐惧？

如果要形容一个人敢于把握机遇，可能只有“机会主义者”了。不过“机会主义者”是个贬义词，指的是善于利用局势或他人来满足一己私利的人。这个词最初起源于19世纪的意大利政坛，形容的是

"投机分子"，即愿意放弃自己的原则，以满足自己政治私利的人。

奇怪的是，我们竟然没有一个褒义词或至少一个中性词，来形容那些崇尚"活在当下"、敢于把握机会的人。本章中，我会介绍六种性格类型的人，并分析他们的行为模式。其中，除了机会主义者，还有经验主义者、亲历死亡者、铤而走险者、打破常规者和革命家。每种都有各自不同的动机、格局和策略。而他们之间的共同点，是拥有抉择的智慧——不是我们在百货商店里做的那些琐碎选择，而是更具实质性的决策，能够带来个人价值，让生活朝新方向发展。他们是与"活在当下"的劫持者（如消费文化）正面厮杀的勇士，他们用自己的选择，开启了充满危险的航行，进入那未知的海港。

1. 如何像舞者那样随性洒脱

如果说有什么特质贯穿了马娅 · 安杰卢（Maya Angelou）一生的话，那就是活在当下的生活态度。这位著名的非洲裔美国知识女性拥有超过 50 个荣誉学位，并在晚年时成为一位著名的作家和诗人。不过，她在多达 7 卷的自传中自爆自己在 40 岁时就已拥有极其丰富的从业经历，其中有些甚至让人大跌眼镜。比如快餐厨师、服务员、列车乘务员、歌手和舞女、演员、戏剧导演，马丁 · 路德 · 金和马尔科姆 · 艾克斯的政治活动主办人，她甚至还在埃及和加纳担任过记者和报纸编辑，以及电视编剧等。

她对生活充满热情，尝试各类职业，频繁搬家，喜欢新的城市和国家；关心政治，在爱情上敢爱敢恨，钟爱威士忌，绝不循规蹈矩，直至2014年去世，享年86岁。“生活眷顾热爱它的人”是她的座右铭。这不仅显示出她善于把握机遇，还蕴藏着她敢于打开机遇之窗的决心和勇气。[2] 她是实验主义者，在她看来，生活充满着无限的可能和体验，等待她去发现，即使其中夹杂着风险和失败的预兆。

安杰卢对机会的把握堪比一种艺术。比如她看到一则招聘克里奥尔（译者注：一种美国菜系）厨师的信息，每周75美元。她会告诉考官，尽管自己是专业级厨师，却没有任何相关经验。遇到有人招募舞蹈演员，她就假装自己来自舞蹈世家，以便能获得这份工作。在决心发展演艺事业后，她听说旧金山有家夜店开业需要歌手，她便把自己打扮成一位来自古巴的卡吕普索歌手，虽然仅有的歌唱经历是小时候在教堂唱诗班里的大合唱，并且她也不是古巴人。[3] 安杰卢凭借着特有的冒险精神，不断尝试，抓住机会，收获着新的工作和人生经验。

长达一个世纪的社会学调查显示，机遇和特权之间呈相辅相成之势。与衣食无忧、就读名校、地位显赫的阶层相比，处于社会边缘的人群获得的机会——尤其是工作机会——会少很多。毋庸置疑，拿到哈佛或牛津的毕业证书，就等于拿到了聘请书。如果你恰巧是白人男性，好工作更是随心挑。然而，安杰卢却反其道而行。她成长于阿肯色州的一座小城市，生活在种族歧视的阴影之下。即便身陷贫穷和不幸的沼泽，也能把握机遇，活在当下。特别是在她早年的生活中，抓住机会对她来说是求生的手段，而不是一种选择。17岁的她已是一位单身母亲，为了养育孩子，年纪轻轻的她非常珍惜生活中出现的每一个机会。“儿子的出生，”她回忆道，“让我树立了创造我自己的生活的勇气。”[4] 生活在继续，安杰卢意识到，“活在当下”的人生观最初是为了养家糊口，但意想不到的是，“活在当下”也带给了她充满活力的人生。第一次结婚的经历和对家庭主妇式生活的厌烦，促使她加倍珍惜来之不易的自由。“我的生活内容就像家政招聘信息。”安杰卢曾感叹道。很快，她便逃离了。

不过，在享受自由的同时，她也付出了沉痛的代价。26 岁时，安杰卢突然接到一份工作，以舞者的身份参加了歌剧《波吉和贝丝》（*Porgy and Bess*）在欧洲的巡演。尽管只有 4 天的准备时间，她仍然决定顺应命运的召唤，离开美国，去异乡闯荡一年。为此，她不得不把 9 岁大的儿子托付给奶奶照顾。母子被迫分离，这在她儿子心中造成了巨大的创伤，并让安杰卢内疚不已。母亲漂泊不定的生活，成了孩子童年的“必修课”，并且导致他 11 年间辗转于 19 所学校。[5] 有时，活在当下也可能附带着严重的伤害，不仅是当事人，还包括与之相关的周遭人。每一次选择都带着无法逃脱的责任。

毫无疑问，要想成为马娅 · 安杰卢式的实验主义者，需要足够的勇气和自信，甚至是“不要脸”的精神，才能驱散心中的恐惧，敢于对自己和别人说：“是的，我可以。”不过，这个条件是不是太过苛刻？因为很少有人具备如此程度的自信。但安杰卢不同意这种观点，她认为，大多人都具备这样的勇气，只要他们能够意识到，任何工作所需的能力都源自实际工作中坚持不懈的实践。应聘开罗报刊编辑时，她便废寝忘食地工作，主动向同事学习如何撰写评论稿件。

同样，有人邀请她为与非洲-美国文化有关的 10 集纪录片编写剧本时，她就坚信自己可以通过书籍自学如何写电影剧本。“只要投入时间，再遇上一位友善的图书管理员，毫无经验的人也能再造一个泰姬陵。”她这样写道。[6] 这真是一句鼓舞人心的话，尽管存在崩塌的可能。

安杰卢“活在当下”式的勇气的另一个秘诀，是擅长“即兴发挥”——这个词原本形容演员对台词不熟，需要借助同伴从舞台两侧给出提示继续表演。[7] 她经常夸口宣称自己具备各种技能，尽管有时会出糗，但大部分情况下，她都应对自如，并通过自身努力兑现了自己的话。事实证明，我们身边有很多人正在自己的工作中“即兴发挥”，从政客、商业人士，到公务员和记者。[8] 尽管货真价实的专业人士为数众多，但也有不少人暗暗挣扎在能力的边缘线上。这一事实确实让人有些后怕，但同时也让人感到欣慰，因为我们可能都在这个队伍中，或多或少地展示出自己颇具实验主义者的一面。

2. Carpe Diem 文身的女人

看过 1971 年剧情片《哈洛与茂德》（*Harold and Maude*）的人，可能都想和茂德一起生活，哪怕一天也好。哈洛是个有些病态、迷失自我的上流社会年轻人，一直想要找寻生命的意义；茂德是一位 79 岁高龄的老太太，内心自由，毫无禁忌。她会闯进宠物店，放飞笼子里的金丝雀；会偷别人的车，一路狂飙到山顶，享受阳光；她是人体模特，喜欢玩游乐场里最刺激的过山车。她住在一节破旧的火车车厢中，里面杂乱无章，摆满了班卓琴、鲜花和雕塑；另有一台气味制造机，能散发出纽约市冬雪的气息。

参加陌生人的葬礼是他们的共同爱好——他们就是这样结识的。茂德的活泼和外向冲开了哈洛封闭、自恋的世界。“我总是想搞点新意思，”茂德说，“每天来点儿不一样的，毕竟短暂的生命就是用来干这个的。”[9] 哈洛被这种生活热情所感染，他们挖走了一棵因雾霾而即将枯死的小树，警察还因此对他们展开了追捕。他们驱车前往茂密的森林，把小树移栽到那里，重生的意义在电影中得到了升华。最后他们相爱了，60 岁的年龄差距并没有成为阻碍。他们唱着凯特·史蒂文斯的“活在当下”主题曲 *If you want to sing out, sing out*（《如果你想唱出来，就唱吧》）：

如果你想歌唱，就唱吧，
如果你要自由，就拥有，
生活的可能千万种，
你要相信……
想做什么就去做吧，
机会已经在眼前……

Well, if you want to sing out, sing out
And if you want to be free, be free
‘Cause there’s a million things to be
You know that there are…

You can do what you want

The opportunity's on...

茂德隐藏着怎样的秘密？她对生活超乎寻常的渴望源自哪里？电影似乎一直避而不谈，只是在电影结尾处给了一个短暂的镜头，一不留神就会错过。这对情侣当时正在欣赏壮丽的夕阳，哈洛去牵茂德的手。就在这一瞬间，他看到她的手臂上文有一行数字：P-876854。这可能是电影史上对大屠杀最细腻同时也最强烈的情感表达：茂德是死亡集中营的幸存者。

茂德是亲历死亡的实例，和死亡面对面后，决定活在当下。这样的经历让他们认识到生命的可能性，迫使他们重新思考人生，并抓住机遇充实度过。身患绝症的病人会有这样的体会，接近死亡的经历（比如从车祸中生还）也能触发这样的思考。

茂德对死亡的反应属于正常现象吗？是的，心理学家将其称为“创伤后成长”。这项逐渐兴起的学科领域主要研究心理创伤（尤其是亲临死亡的事故）如何对当事人的生活产生积极影响。其中一项重要的研究成果表明，与精神疾病（如抑郁症）相比，这类事故更容易引发成长体验。[10] 有些人会变得更有爱心，有些则会经历精神顿悟。其中最为普遍的表现是树立活在当下的生活态度。人们会放弃沉闷的工作，和孩子们拥抱旅行的快乐。或像茂德那样，不放过任何机会，充实度过人生。尽管对于大部分人——约一半——来说，心灵创伤并不会影响他们的生活选择，但对有些人来说，却是人生的转折点。[11]

曾有一项覆盖 200 多人的研究，被试对象均有过死里逃生的经历，比如溺水、车祸、坠崖和重大疾病等。结果发现，有四分之一的人此后开始珍惜生命、充实生活，审视人生价值，敢于做出抉择（包括人际关系）。[12] 濒临死亡的经历让他们意识到生命的短暂，很多事并非如想象的那样理所当然。YouTube 盛传过的一条视频也传达着类似的信息，一位女士罹患脑癌，只剩下 6 个月的时间。“活在当下，”她强调道，“你最看重什么？最在意什么？什么最重要？想清楚了，就去追求，忘掉其他一切。”[13] 对此，茂德肯定感同身受。

有时，社会上会出现大规模“创伤后成长”现象，比如崇尚狂野和活力的“咆哮的 20 年代”（指北美地区 20 世纪 20 年代这一时期。十年间，发生了很多激动人心的事件，因而有人称这是“历史上最为多彩的年代”），就是第一次世界大战的产物。无数的士兵在一望无垠的战壕中经历着生死考验，目睹着自己的同胞战死沙场，或忍受伤痛的折磨。“这是前所未有的一代人，”弗朗西斯·斯科特·菲茨杰拉德在《人间天堂》中写道，“在成长的过程中，经历了无数战争，发现诸神已死，精神已逝。”最终爆发出“活在当下”的社会口号，把握机遇、及时行乐成为生活准则。激进派英国记者道格拉斯·戈尔德林这样写道：

> 充斥着联合教育家、莫里斯舞者、素食主义者、禁酒者、经济学专家、酒鬼、八卦专栏、剧作家、罗马天主教信徒、画家和诗人。[14]

他认为，即兴生活方式的盛行是对第一次世界大战的“心理补偿”。但即便是爵士时代，也并非所有人都喜爱派对。如今，从伊拉克和阿富汗撤回的美国士兵中，只有20%承受着“创伤后应激障碍”的折磨。第一次世界大战的老兵也有类似的症状叫“炮弹休克”，虽然不太恰当，但许多人就此一蹶不振。[15]

所以，亲临死亡同塞翁失马一样。不过，如果你能承受住心理考验，就有机会茅塞顿开：生命不只是无数机遇的集合体，生命本身也是“稍纵即逝”的短暂存在，需要我们全力以赴。正如茂德所说：生命就是用来做这个的，而机会就在眼前。

3. 让人欲罢不能的“中枪瘾”

越南战争、柬埔寨内战、刚果战争、萨尔瓦多内战、乌坦战争、比亚法拉内战、北爱尔兰纷争、黎巴嫩内战、六日战争（译者注：第三次中东战争，以色列方面称它为“六日战争”）。在长达30年的职业生涯中，英国摄影师唐 · 麦库林（Don McCullin）承受着巨大的生命风险，将镜头对准人类史上最惨烈的几场战争。从20世纪60年代末到80年代初，他的作品主要发表在《星期日泰晤士杂志》（*Sunday Times Magazine*），战争的恐怖和残酷透过照片印刻在一代人的脑海里。他先后15次前往越南战场，在枪林弹雨中，他目睹了周围的士兵被炸成肉泥。他蹚过漂满浮尸的运河，睡过老鼠泛滥的地洞，躲过狙击手的暗枪。在柬埔寨，他遭遇了红色高棉的埋伏，一颗AK-47子弹朝他射来，恰好打在尼康F照相机上，仅毫米之差就打穿他的头颅。在乌干达，伊迪·阿明的安保部队在仓皇之中逮捕了麦库林。关押在他周围的犯人不断地被残忍杀害，幸运的是，入狱四天后，他被驱逐出境了。

麦库林将摄影视为活在当下的工具。他的目标是抓住每一次按下快门的机会，捕捉暴力、恐惧、贫困，有时也有爱和友谊。黎巴嫩男子演奏曼陀罗乐曲超度死去的女孩，一名士兵投掷手榴弹，姿势俨如赛场上的奥运健儿，却在一秒之后中弹身亡。为了寻找机会，麦库林曾到过地球上最危险的地方，而神奇的直觉总是能让他在对的时间出现在对的地点。1961 年，他感到柏林将有大事发生，于是立刻起身前往。就在他抵达之时，发生了柏林墙危机，这随即成为冷战的转折点。踏进战场之后，他通常会直奔“最惨烈的短兵相接之地”。[16] 在刚果时，他佯装成雇佣兵潜入斯坦利维尔的屠宰场，如果他被当地军事指挥官拆穿的话，定会引来杀身之祸。这一切努力，都是为了拍到最好的照片。

麦库林是活在当下的“亲历死亡者”，努力创造和把握的机遇通常伴随着死亡的威胁。这一点有别于亲历死亡者，他们选择“活在当下”，是源于在偶然或不情愿的情况下与死神擦肩，而不是自愿与死神共舞。不过，是什么在驱动着麦库林这样的人群呢？冒着丢掉性命的危险，究竟是为了什么呢？

> 一旦我回到家中，躺在自己的床上，我就会变得焦躁不安……战场已经成为我的生活方式，就像一种无药可救的疾病，掺杂着巨大的兴奋感和噩梦般的宿命感。这让我

又爱又怕，欲罢不能。如果不和生命“硬碰硬”，我就无法工作。[17]

此时，战争变成了一种毒瘾、一种药物，伴随着危险而来的肾上腺素让他感到前所未有的活力。“如果没有战争，我一天也活不下去。”他曾这样说道。[18] 尽管拍摄的初衷是彰显人道主义，披露战事的残酷，但他重复使用“兴奋”一词来形容对工作的热爱。“我觉得穿梭在枪林弹雨之中，躲避狙击手的暗算，是一件非常刺激的事。”他在一次采访中这样回答。[19] 这种兴奋有时会转变成癫狂的状态。他曾随美国海军在越南经历了一次血战，两周后，他说道：“最终，我彻底疯了，像一头困兽一样肆意撒野。”[20] 就这样，他拍出了不少家喻户晓的作品，但事业的成功却给他的家庭带来了沉痛的代价。他的首任妻子克莉丝汀十分痛恨他的工作。“工作不只是敌人，也可以说是他的情人。”对此，他十分坦然：“克莉丝汀一直很爱我，但最终还是没有赢得我的心。”[21] 他们的婚姻生活以失败告终。

如今，麦库林早已退休，但战场中的所见所闻却“阴魂不散”，每天都在他的脑海中重现。虽然他是“亲历死亡”行列中的异类，但在追求兴奋和刺激的队伍中，却不乏同道中人：攀岩、赛车、跳伞和极地探险，以及众多为了品尝活着的快感不惜铤而走险的群体。想象一下现代社会之前的狩猎时代，美国原住民在大平原上骑马追赶野牛群的场景，追捕的快感和最终获得猎物的喜悦同等重要。1974 年，高空钢丝飞人菲利普 · 珀蒂在不配备任何安全防护设备的情况下，只凭借一英寸宽的钢丝绳，跨越了纽约市的双子塔。对于活在当下的人生观，他的解释可能最完整：

> 对于我来说，其实很简单，就是生活在边缘。要具备反抗精神，敢于打破规则的束缚，推翻自己的成就，拒绝故步自封。每一天、每一年甚至每一种想法都是一种挑战，仿佛自己生活在高空绳索上一样。[22]

珀蒂鼓励我们要把风险看作人生的一部分，要敢于拥抱机遇带来的恐惧和变数。但是，规避风险、避重就轻难道不是我们与生俱来的本性吗？风险研究学者约翰·亚当斯（John Adams）并不这么认为，他强调，冒险是人类特有的一种行为模式，因为我们对刺激有内在需求。零风险意识只是人性的一部分。“赌徒、铤而走险的因子也隐藏在我们每个人身上。”他这样写道。即便最忌讳风险的人也具备这样的因子，蹒跚学步时迈出的每一步都是撞运气。假设生活中不存在任何变数，无论人际关系、工作还是放松休闲，“一成不变会让人觉得无聊，成就感下降，生活因此变得微不足道”[23]。这种软绵绵的存在会逐渐消磨我们的意志，剥夺我们品尝刺激和挑战的快感。

所以，我的意思并不是让所有人都成为钢丝飞人或战地摄影师，而是揭示机遇一定伴随着风险，过于小心谨慎反倒会限制我们。认知偏差会促使我们“趋利避害”，关于这一点，我会在后面几章中详细阐述。而现在，有必要提一下小孩子间经常说的一句话：“我打赌你不敢。”可能孩子们更清楚人性的本质和关键，而在成人世界中，这种认知早已不复存在。

现在，我们已经见过了铤而走险者、亲历死亡者和实验主义者，接下来应该邀请第四位主角登场：打破常规者。

4. 平克 · 弗洛伊德与在火上行走的老奶奶

西方社会流传着一种古老的思想，认为社会就是剧场，人民就是演员，从喜剧到悲剧，人们演绎着生活的五味杂陈。这种“世界剧场”（theatrum mundi）的传统可以追溯到柏拉图时期，当时他认为人类就像上帝操控的木偶。莎士比亚将这一理念进一步发展，宣称“世界就是舞台”，我们都在“扮演着自己”。在过去的半个世纪里，专注于“角色理论”的社会学家曾将社会生活比喻成戏剧，以便研究我们如何向他人呈现自己，又如何被特定角色所牵制。在戏剧中扮演角色的我们恰好吻合“人”这个字的原本含义。这个字源于拉丁文“persona”，是指演员的面具。从某种程度上看，所有人都戴着面具。我认为，这些面具影响我们活在当下的能力。

读到这里，请你思考一下平日生活中自己所扮演的不同角色：孝顺的女儿、完美的母亲、睿智的律师、聚会上的焦点人物、讲义气的朋友、忧郁的少年、特立独行的创业者、纠结的艺术家、顾家主妇、帅气房主、冷峻小哥或是严肃学者。你会频繁切换不同角色，以便适应当前的场景，比如工作会议、单身派对或是和孩子一起玩耍。每一种角色都带有相应的人格属性和社会期待，并伴随着一套特定的言谈举止模式。作为聚会上的焦点人物，你当然要阳光帅气、幽默健谈，既能豪饮，又能调节气氛；孝顺的女儿必须定期去养老院探望年迈的母亲（而你的兄弟姐妹则极少出面）；完美的母亲总是把家庭放在第一位，走亲访友时一定要给孩子们精心打扮一番。对于我来说，每次去悉尼探望父母，我都会很快切换到儿时的角色，让两位老人家洗衣做饭、忙前忙后，而我则一反常态，慵懒地看电视。每次都是这样，而我已经45岁了。

扮演角色本身没有什么不妥之处，但应该警惕角色“反客为主”。随着时光的推移，我们所扮演的不同角色会进入我们的潜意识中，并塑造我们的言谈举止和思维方式。我曾遇到过这样一位管理顾问，从二十几岁开始便供职于一家世界级企业。他告诉我，经过多年的打拼之后，工作角色已经融入自己的性格之中：

> 我已经彻底掉进管理顾问的角色里。如果是新项目展望会，我会阐述个人发展目标，因为这是所有人期望听到的——“本次项目中，我将肩负起更大的责任”之类的话，不管你自己信不信，但必须这样说。此外，我也选择在度假时滑雪，因为其他顾问都这么做，热爱运动和大男子主义都是在塑造职业形象。最初，你知道自己是角色扮演，但后来它成了你生命的一部分，一切开始变得“自然而然”了。[24]

同样，“帅气房主”一般都会与人热情握手，并带有眼神交流，主动关心对方近况，积极谈论假期出游计划。如果对特定客人有所不满，一定要全程掩盖自己的情绪波动。尽管这位房主很可能会否认自己被角色“控制”，按照“剧本”行事。但局外人很容易预测出房东的大部分行为，因为社会对帅气房主已经下了定义。

如果这类行为模式根深蒂固，成为我们的习惯，便会衍生出一个问题：在这么多的角色扮演中，到底有多少是真实的？这是让-保罗·萨特（Jean-Paul Sartre）在巨著《存在与虚无》（*Being and Nothingness*）中提出的经典疑问。他在书中描写了一位举止做作的咖啡厅服务员，一切就像是在表演——与顾客交谈时，他的身体过于前倾，语调和表情也太过热络。“他正在扮演咖啡厅服务员，”萨特写道，“一切按部就班，毫无新意。”[25] 换言之，此时的他不是他，而是在模仿一位服务员，他被角色捆绑了。

我认识的服务员很少那样阿谀奉承，受困于角色。不过，有大量证据证明，社会角色能够塑造我们的行为。其中最为著名的事例是菲利普·津巴多（Philip Zimbardo）于 1971 年开展的斯坦福监狱实验。24 名心理健康的学生进入模拟监狱中，充当监狱看守或犯人的角色。仅仅几天后，看守就变得嗜虐成性（如体罚犯人），而犯人则变得极为压抑，经常发出哀号或大声痛哭。实验原计划持续两周，但第 6 天时，就因情况失控而被迫终止。尽管事例有些极端，却反映出我们对角色的内化趋势。

然而，这一切和活在当下又有什么关系呢？让夏娃·霍尔（Eve Hoare）来回答这个问题。在她 70 岁时，我曾邀请她参加我在牛津开展的一个项目，这个项目研究人们如何改变自己的人生轨迹。“60—70 岁是人生最好的阶段。”她说。为什么？

> 我得到了真正的成长，因为62岁时，我参加了一个名叫“人生评估”的课程，突然间，我不知道自己是谁了。我曾是孝顺的孩子、工人、妻子、老师、母亲，但这都是我扮演的角色。这一点让我无比震惊。[26]

她参加的培训课程以挑战体能为手段，最终目的是实现自我认知。学员需要从30米高的悬崖上沿索道滑至地面，然后再爬上来；借助安全绳索横跨一处山涧；从10米高处跳进大海，还要走完20米长的火道。最终成为课程助理的夏娃，曾完成过7次火上行走。不过，真正的收获在于，通过自我认知，她意识到曾经扮演的角色并非完全出于自己的意愿。从小时候开始，她就负责照顾体弱多病的母亲。后来因为母亲精神崩溃需要照顾，导致她与爱丁堡大学失之交臂。接着，她成长为一名速记员，又做了10年的家庭主妇。随后，成为一名小学老师维持生计。

揭露角色的真相之后，她开始选择活在当下，生活也因此发生了翻天覆地的变化。她走进大学研读文学，练习写诗和绘画，前往波斯尼亚帮助战火中的儿童，还参加联谊活动来关爱身患绝症的人群。

> 我慢慢意识到，如果你不喜欢现在的生活方式，就应该立刻做出改变，这就是为什么我不再教书……不少年轻人本末倒置，根本意识不到应该充实度过最宝贵的芳华。为此，我责无旁贷，应该让人们转变看法，把握机遇，因为生命太短暂了。[27]

她喜欢引用平克·弗洛伊德乐队的 *Time* 这首歌：“不知道何时起跑，发令枪也听不到。”夏娃·霍尔花了很长时间才听到发令枪，随即便全力冲刺。是什么打破了僵局？正是领悟到社会角色不仅塑造了她的生活，还限制了她的选择和个人发展。最终，她打破常规，找到了新的自由，步入了新的人生。

5. 马基雅维利式的“活在当下”

19 世纪规模最大的文化迷思之一，是“自我造就”的理念。这一理念下的杰出人物之一是塞缪尔·斯迈尔斯（Samuel Smiles），即 1859 年畅销书《自己拯救自己》（*Self-Help*）的作者。他在书中列举诸如本杰明·富兰克林等人物，旨在强调所谓的“功成名就”——无论是商人、政客、发明家或艺术家——只不过是个人的事业，需要实践、毅力、谨慎、效率和自我完善。“自助精神造就了个人的发展和进步，”斯迈尔斯写道，“通常，来自外界的帮助总会显得‘力不从心’，而来自本我的帮助则始终让人‘斗志昂扬’。”[28]

迷思到底体现在哪里？在斯迈尔斯的书出版后的十年间，美国经历了内战后期经济大发展。其间功成名就的人大多不是“自我造就”，而是借助财力、教育和社会关系。一项针对 19 世纪 70 年代 300 名美国纺织业、钢材业和铁路的高管层展开的调查研究显示，90% 的受访人员来自中产家庭或上流社会。[29] 不过，另一个迷思是"自我造就"成功的前提之一是具备斯迈尔斯所说的"高尚品格"——真诚，正直、善良。[30] 而在现实生活中，赢得巨大金钱财富的人群所具备的显著特点，是他们都属于活在当下的机会主义者，时刻准备着背信弃义，以便保全一己私利。这个群体中出人头地的人被叫作"强盗大亨"，在他们的操控下，经济肆意发展，腐败横行，历史学家将这段时期称为"强盗资本主义"。[31]

强盗中的头领是铁路大亨杰伊·古尔德。1868 年，他拿出 100 万美元贿赂纽约立法机构的工作人员，允许他发行伊利铁路公司价值 800 万的所谓"掺水股"（股票不代表真实价值）。古尔德采取的机会主义，不仅让他一夜暴富，还让他拿到了公司控制权。[32] 还有银行家 J. P. 摩根在内战期间不择手段牟取暴利。尽管摩根在事业后期树立了绅士形象，但这笔臭名昭著的交易已然成为他的人生污点。[33] 不过后来，摩根也沦为受害者。1901 年，安德鲁·卡内基使用同一种骗术，夸大工厂效益，将自己的钢铁公司以超高的价格卖给了摩根。正如一位历史学家所说，卡内基在招摇撞骗方面可谓"战绩卓越、毅力非凡"，并一举成为世界级富商。[34] 阿尔·卡彭对此心知肚明，他这样阐述"活在当下"："这是属于我们美国人的体制，叫它美国主义或资本主义，叫什么都行，这种体制给了我们每个人一次千载难逢的机遇，只要伸出双手，就能抓住。"[35]

"强盗大亨"的卑鄙行径对我们现代人来说并不陌生。如今的企业和商人为了抓住机会，选择使用不正当手段，如做假账、行贿受贿，利用税法漏洞以及政治性捐款获取政府支持等。而具体的企业和商人更是不胜枚举，如安然公司、世通公司、雷曼兄弟、英国宇航系统公司、汇丰银行、伯纳德·麦道夫、尼克·李森、华尔街之狼乔丹·贝尔福特、弗雷德·古德温……这只是名单的开篇而已。这类机会主义者会抛弃正直的心来换取个人私利。他们是“活在当下”的黑暗面，秉承的是马基雅维利的《君主论》。这是第一本描写机会主义的书，建议统治者“学会放弃正直和公平”，以维护政权统治。[36]

万一我们禁不住诱惑，想要做一次这样的机会主义者，后果可能不堪设想，就像索尔·贝娄（Saul Bellow）的著作《抓住时机》（*Seize The Day*）中的主人公汤米·威尔汉一样。他的生活一团糟：婚姻破裂，演艺事业搁置，身陷财务危机，无法与德高望重的父亲友好相处。后来他遇见了有些神经质的交易员塔木金，塔木金以“活在当下”般的热情劝他孤注一掷，把所有积蓄都投入市场：“过去满是痛苦，未来充满焦虑，只有现在是真实的，此时此地，活在当下……把握每分每秒。”[37]然而，塔木金的真实面目是乘虚而入的骗子，他骗走了威尔汉的所有钱财。这是一则“活在当下”式的寓言，适用于我们所有人。

6. 俄罗斯流亡者

不要忘了，我们还有最后一种人物——他敢于超越自我的束缚，追逐稍纵即逝的机遇。这就是革命家，他们把握的不只是当下，还有历史发展和公众生活。从对抗罗马帝国的奴隶起义领袖斯巴达克斯，到和平主义律师甘地反抗大英帝国的统治势力，以往出现的伟大革命家均在寻找机会"改朝换代"，想要乘上新鲜的"政治之风"吹走强权统治。

在这个行列中，最为传奇又鲜为人知的是来自俄国的无政府主义者、地理学家彼得·阿历克塞维奇·克鲁泡特金。1842 年，他出生在一个贵族家庭，家中拥有多处地产和 1200 名农奴。他就读于一所精英军事院校，在校期间被任命为沙皇亚历山大二世的贴身随从。不过，克鲁泡特金（有别于托尔斯泰）彻底放弃了上流社会的家族背景，成长为革命活动家和学者。他的作品极富预言性，打破了无政府主义的虚无和暴力的旧有形象，从哲学和科学的角度树立了理论根基。其中有一本著作是《互助论》，书中对达尔文理论提出质疑，强调自然界中更为强大的进化力量是合作，而非竞争（这种论调近期非常流行）。他认为一个社会只有基于工人合作社和志愿者组织，才能衍生出真正的自由。（他是慈善组织皇家全国救生艇协会的忠实支持者。）

19 世纪 60 年代，克鲁泡特金奉命前往西伯利亚开展测量与探险工作。这份工作不仅奠定了地理学家的称号，还让他第一次近距离接触处于被压迫阶层的农民群众，并由此燃起了他的政治热情。1871 年，他专横的父亲去世，克鲁泡特金终于可以过自己想要的生活了。秉承着"活在当下"的态度，他辞去了稳定的公务员工作，前往西欧，响应巴黎公社和日渐庞大的国际工人运动。他抵达瑞士后，研读能接触到的所有激进文学，并与汝拉地区的贫困阶层深入交流，来自底层的政治呼声让他大受启发，进而发展成自己的理论。他坚信社会可以自行发展为分权型联邦体系。[38]

回到俄国后，克鲁泡特金发现，社会对沙皇统治的不满情绪日益高涨，这正是开展政变的绝佳时机。于是，他加入秘密组织“柴可夫斯基小组”（the Tchaikovsky Circle），向农民和工人宣讲革命理念。[39]为此，克鲁泡特金承担着巨大的风险，需要经常躲避沙皇便衣警察的跟踪追捕。比如他会伪装成一位农民，化名鲍罗丁，在纺织工人秘密集会上做演讲，鼓动大家要团结一致，反抗强权。但好景不长，1874 年初，柴可夫斯基小组成员开始频繁被捕，克鲁泡特金原本计划逃往圣彼得堡，但为了要给地理学会做报告，介绍芬兰和俄国的冰川知识，他临时决定将出逃计划延后一周。结果，就在演讲结束几个小时后，他不幸被捕。所以，机遇来临，一定要把握。

克鲁泡特金在臭名昭著的彼得保罗要塞禁闭室中度过了随后的 21 个月。他没有一蹶不振，而是在狭小潮湿的囚室中，利用这段时间撰写了两卷有关冰河世纪的著作。然而，旺盛的文学创作不能阻挡风湿病和坏血症的入侵，他的身体状况急转直下，紧接着被转移到一处监狱医院进行救治。治疗期间，他发现医院的看守工作比较松散，有逃跑的机会和可能。于是他悄悄酝酿计策，向同伙发暗号。尽管逃跑很容易惹来杀身之祸，但他在回忆录中写道：“与其在监狱里等死，不如放手一搏。”[40]

机会终于来了。那天下午四点，他正在监狱院子里散步，忽然听见有人在附近的房子里用小提琴演奏欢快的玛祖卡舞曲——这是逃跑的信号。

我转头看看身后的哨兵，距离自己有五六步远。此时，他正看着别处，"机不可失！"当时的情景依然历历在目，我甩下身上的绿色法兰绒睡衣，撒腿就跑。[41]

这是对"活在当下"的完美演绎。他冲向敞开的大门，身后的哨兵紧追不舍，举着刺刀冲了过来。但克鲁泡特金纵身一跃，跳进了等候多时的马车，绝尘而去。当晚，警察在圣彼得堡展开了地毯式搜捕。但此时的克鲁泡特金已经"改头换面"，剪掉了标志性的大胡子，换上了优雅的外套和礼帽，与朋友一起在高级餐厅享用晚餐，因为他料定警察肯定想不到自己会出现在如此高调的场所。

越狱之后，克鲁泡特金准备"全身心投入到生活之中"。[42] 在随后的40年间，他一直在欧洲过着流亡的生活。他频繁受到俄国间谍的骚扰，又因政治活动入狱，但始终不遗余力地开展着国际无政府主义运动。他坚信自己生活的时代是历史上真正能够发生革命性变革的时代，并能够在此基础上创造一个更加平等和自由的社会。虽然他的想法可能过于乐观，但不可否认的是，他认为实现这一目标的最佳途径是把握机遇，活在当下，而这可能是他留给当今政治活动家和生态保护者最重要的财富之一。

7. 管他呢，放胆做

现在，我们能够罗列出多种人物性格，他们阐明了一些——但绝非全部——把握机遇的基本方法：实验主义、亲历死亡、铤而走险、打破常规、机会主义和革命主义。有些可能让你望尘莫及，有些可能让你嗤之以鼻。你真的想成为一个可以突然消失一年去欧洲巡演的母亲吗？或是当你的丈夫在战场上浴血奋战时，你愿意在家中独自抚养孩子？不会遇到如此棘手的情况。不过，他们的功用不是成为评判对象，而是帮助我们认识自己：是否原本可以像马娅·安杰卢那样享受即兴生活，却因为太在意安全感而选择放弃？是否应该学习茂德那样彻底抛开生命中不足挂齿的琐碎？是否认同夏娃·霍尔的观点，觉得自己的生活被角色所辖制，越发偏离自己的愿望？

无论以何种方式把握机遇，都不可避免地需要做出选择，即摆脱被动局面，主动调整生活轨迹。但这样会遇到一个问题：我们害怕自由，宁愿死守固有的安全感，也不愿放手一搏；有时为了躲避责任和焦虑的心情而选择顺其自然的态度。不过，有一个很简单的事实：不选择就是一种选择。继续保持现有的生活方式是我们的选择，我们必须为此承担相应的责任。“不做选择是不可能的，”他写道，“即便我不做选择，其实也是一种选择。”[43]

我们喜欢墨守成规，因为“活在当下”需要克服巨大的心理障碍。在随后的章节中，我会介绍其中最致命的几种：拖延、风险、冷漠和超负荷。不过在这里，我想讨论一个更实际且具备一定可控性的心理障碍：金钱。

对于某些人来说，金钱不是问题。比如故弄玄虚的企业家理查德·布兰森（Richard Branson），他的人生信条是“管他呢，放胆做”。他曾尝试乘热气球环游世界，靠风筝冲浪横跨英吉利海峡，还投资了上百万发展太空旅游业。“维珍集团的成功，大部分源于由乐观主义激发的‘活在当下’的理念。”这是他于2014年在推特上写给540万粉丝的文字，还附了一张自拍，照片上他在一架维珍喷气式飞机前露出迷人的微笑。

生活并没有他说的那么简单。我们能成为自己想要的模样，把握住任何不想错过的东西，这只不过是“自助派”的幻想。我们的选择和机遇受到环境的限制，“我们的生活时刻存在着历史性制约……福楼拜可以随便成为福楼拜，却没有什么机会变成其他人”[44]。如果你和布兰森一样是亿万富翁，那么不费吹灰之力就能做一个活在当下的乐观主义者。但假如你是英国或其他国家失业大军中的一员，难以申请银行贷款去创业，家庭重担压得你根本无法放弃两班倒的保洁工作而去追求自己的理想抱负，那么活在当下就变得异常艰难。甚至对于来自中产阶级家庭的大学毕业生来说，活在当下的机会也不多，因为他们背负着44,000英镑的学生贷款（英国平均值）。[45] 重塑生活到底能给他们带来多少自由呢？

尽管有人具备马娅·安杰卢般的信心和勇气，战胜了经济困境，但对于大部分人来说，最切实有效的办法是把握那些不受财富或权力控制的机会，比如修缮人际关系，为那些突发奇想行动或是为群体发声。因为即使你身无分文，也可以和兄弟姐妹重归于好，也可以在当地小酒馆里放声歌唱，或在社群集会上发表演说。

最后一点是我们必须认清一个事实：我们的生命不仅是无数个机会的集合体，而且生命本身也是一场变幻无常的机遇。我们没必要等到临死前才幡然悔悟——而且那一刻也为时已晚。如果我们现在就开始珍惜生命，便会得到“活在当下”最丰厚的馈赠，彻底告别一切懊悔的情绪。此时，我们就站在生命之路的最前方，下一秒前途未卜，我们将何去何从？

在这方面，没人比梭罗更有发言权。1859 年 4 月，他写下一篇日志，其中借用了航海的比喻，也许，他知道“机会”这个词最初源自拉丁语，指帆船借助顺风航行：

> 一切都要趁现在，把握稍纵即逝的机会！必须活在此时此刻，冲上每一个浪尖，让每一刻都成为永恒。愚妄者站在机会面前犹豫不决，殊不知机会一去不返，生活不在别处。只要是好农夫，处处都是丰收田。看看那些乘风破浪的帆船，从不会轻易搁浅。如果不把握当下，定将遗憾终生，因为这个世界不相信悔恨。[46]

CARPE
DIEM
REGAINED

重新
活在当下

The
Vanishing Art
of Seizing
the Day

第五章

享乐主义再认识

某知名网站每天都有数以万计的已婚男女登录注册。这家来自加拿大的网站提供“牵线搭桥”的服务，宣称自己的会员数已超过4000万，遍布50余个国家和地区。然而，2015年7月，公司的保密工作受到了重创：黑客盗取网站数据并公布到网上。一时间，所有人都想查询自己的配偶是否已注册会员，并好奇他们的“欲望清单”。这场事故引发离婚潮，导致多人以死相逼，公众人物受到牵连，社会弥漫着互不信任的气息，疑心重重的情侣开始偷偷翻看对方的邮件信息，寻找婚外恋的蛛丝马迹。

经证实，该网站在会员数量上弄虚作假，但有一项数据却“货真价实”：近60%的男性和45%的女性在婚姻生活中有过婚外情。[1] 但是，创立该网站的公司又被视为道德败坏、有伤风化，是享乐主义的极端表现——为了享乐而享乐，完全不计后果——进一步恶化了享乐主义的名声，婚外情、酗酒或贪食都不例外。大多数人都会认为享乐主义就是罪恶、自私和欺骗和沉溺。享乐主义只会带来伤害——有时伤害自己，有时伤害他人。

19世纪，历史学家托马斯·卡莱尔（Thomas Carlyle）曾谴责功利的享乐主义哲学思想——将享乐视为人生目标。[2] 如今的自助行业也秉承着类似的态度，我敢保证任何一本关于快乐或健康的书，里面绝不会出现龙舌兰鸡尾酒、大块巧克力蛋糕、婚外情或在众目睽睽下抽烟。相反，这些书会教你如何树立积极的态度，掌握呼吸技巧来提升冥想效果，以及学会管理时间，为生活减压。这些现象彰显了现代人类对快乐秉持“清教徒”式的态度，崇尚节制和自控，而享乐主义只有在批判心理学家所说的“快乐水车”时才会被提及。“快乐水车”是指沉浸在无休止的物欲之中，比如买豪车或奢华游，这些只能带来短暂的满足，却给我们留下更大的空虚感。不可否认，享乐主义带来的欢乐曾具有积极向上的属性。自助和心理学大师未能发现享乐主义在个人生活中的积极作用，更无视了它的巨大影响。

1. 快乐持久战

在讨论享乐主义时，有必要弄清楚我们为什么会戴着有色眼镜，为什么总是抱着迟疑的态度。

人们普遍认为，古罗马人是享乐主义的鼻祖。尽管声名狼藉的“呕吐间”是虚构的——不是为了能吃下更多的食物而去催吐的场所，而是圆形剧场用于疏散观众的走廊——但罗马人比较放纵对美食的欲望，确实是毋庸置疑的事实。相传，卡里古拉就特别中意火烈鸟舌头炖蔬菜。睡鼠也是一道名菜，相当于古代的鹅肝。它们被圈养在酒坛里，喂食坚果，等体态肥硕后，加入猪肉和胡椒，即成一道奢侈的菜肴。罗马人每年还会举办多场盛大的庆祝活动，祭奠酒神巴克斯，享受酒醉、自由和狂欢。这一习俗可能是罗马在公元前200年左右从希腊人那里借鉴过来的，因为希腊一直有敬拜酒神的传统，只不过名字叫狄奥尼索斯（Dionysus）。[3]

不过，如果认为罗马人的社会生活只有醉生梦死、骄奢淫逸，也未免失之偏颇。公元前186年，罗马曾颁布一条法令，限制酒神节的过度狂欢，并受元老院的直接管辖。罗马历史学家李维（Livius）将酒神文化视作民众堕落、社会失衡的元凶。这件事过去很久之后，他曾撰文描述这种文化，耸人听闻的用词暴露了过激的态度：

> 饮酒和宴会染上了宗教色彩，诱骗众多信徒。酒精燃起了他们的冲动，伴随着黑夜和欲望，道德判断失去了所有力量，滋生出腐败和溃烂……

事实上，这很可能是李维的臆想。真相是罗马社会名流——包括李维在内——因无法控制社会盛行的享乐主义而深感恐慌。节制与自控大师塞涅卡曾写道“满足于现状的人才快乐”，同时又痛斥“那些一心想着寻欢作乐的人，简直罪大恶极”。他的座右铭言简意赅：“不为快乐而活。”[4]

塞涅卡沿袭了古希腊思想家伊壁鸠鲁的观点。这可能有些不可思议，因为我们通常认为伊壁鸠鲁学派是主张感官愉悦的。诚然，伊壁鸠鲁本人曾说过，“快乐是幸福生活的源头和目标”，但他从未提倡过享乐主义。他认为脱离肉体痛苦和精神折磨的途径不是“喝酒狂欢”，而是“冷静推理”。他主张“粗茶淡饭和山珍海味带来的愉悦感是等同的”，所以自己的标准饮食是面包和水（偶尔加点扁豆）。此外，他还是独身主义者，坚信性爱会导致妒忌等不良情绪，应该杜绝。所以，塞涅卡才会如此总结：“伊壁鸠鲁的教诲是正直和神圣的，深思熟虑之后，更显自我约束的意味。”[5]

早期的基督徒热衷于批判欲望和贪婪，认为肉体欢愉会导致信徒远离上帝，因此他们也经常被认为是“搞臭”享乐主义的力量之一。以“七宗罪”为例，大部分人认为源自《圣经》，其实是4世纪修道士伊瓦格里厄斯·泊恩太格司（Evagrius Ponticus）创造出来的，因为有足够的证据证明，伊壁鸠鲁实际上是从斯多葛派思想中借鉴的。基督教在中世纪开始热衷的禁欲主义，可以追溯到罗马道德家（如塞涅卡），他们认为人们应借助意志力战胜性欲。[6]

此类观点在圣奥古斯丁的著作中得到了最强有力的表达。圣奥古斯丁是基督教神学领域中第一位学术明星，他于354年出生在如今的阿尔及利亚，早年沉迷于“幽暗的情欲丛林”之中，享受“地狱般的快乐”。正如他在自传《忏悔录》中所写：“年轻时，我曾犯下滔天罪行……我曾向你祈求贞洁，说道‘赐予我贞洁与节制，但没有回应’。”[7] 32岁时，他洗心革面，以巨大的热情攻击自己享乐主义的过往和对肉体的欲望。同时，与伊壁鸠鲁一样，圣奥古斯丁也受到斯多葛派思想的影响。他强调，人类的热情在心智，不在肉体，合格的基督徒必须用冷静和理智洗去狂热的肉体欲望。[8] 换言之，婚外恋网站是禁区。

随着新教传统的出现，“酒”开始被视为与“性”同等邪恶的事物。

尤其自 18 世纪以来，欧洲都市贫民的饮酒习惯已经泛滥成灾，家长甚至给自己的小孩喂食杜松子酒、朗姆酒和威士忌。一些著名的医学类书籍如本杰明·拉什（Benjamin Rush）医生于 1784 年出版的《探究烈酒对身体的影响》（*An Inquiry into the Effects of Spirituous Liquors on the Human Boby*）曾指出过量饮酒和道德水平下降之间有直接的联系。进入 19 世纪后，英国和美国的戒酒团体发展成强大的游说力量，意图全面禁酒。1851 年，这些禁酒主义者取得里程碑式胜利，缅因州成为美国首个无酒州，发现饮酒会被处以罚款，屡教不改者将被送进监狱。1920 年《禁酒法案》终于得以实施，让禁酒成了全国性运动。[9] 至少在理论上，禁酒主义取得了胜利。

在西方法律史上，这可能是最惨痛的失败。这条法案未能阻止人们饮酒。美国禁酒运动持续 13 年之久，除了圣餐葡萄酒以外，人们还饮用防冻剂和防腐剂等作为怪异的替代品。因此，非法酿酒厂和小作坊应运而生，这反过来又为犯罪团伙和警察腐败提供了温床，甚至连白宫也“自身难保”，参议院图书馆的部分房间被改成酒室，储放从各处没收的酒水。[10]

人类对享乐的沉迷如同飞蛾扑火，除了心智的渴望，肉体的感官系统也能刺激大脑。“对快乐的渴望是人性的一部分，”神经系统学家莫尔登·克林格巴赫（Morten Kringelbach）指出，“也许我们得承认，是大脑让人类沉溺于快感。”[11] 美国政府每年投入数百万美元开展禁欲教育项目（著名的面子工程），努力减少青少年性行为；[12] 法律书籍中满是限制享乐的条款，比如对购买酒水的人进行年龄限制等。

以上这些规定可谓合情合理，因为我们都知道那些酒鬼的下场。不过，欲望不一定总是失控，饮酒也不一定导致烂醉如泥。我们应该客观看待享乐主义，对其制定更细致的方案，把控得当，将它的积极作用发挥出来。

2. 论煎蛋三明治带来的愉悦

我喜爱的美食作家 M. F. K. 费雪（M. F. K. Fisher）在 1949 年出版了经典著作《美食家的字母表》(*An Alphabet for Gourmets*)，她在“G 代表贪食”章节中曾坦白道：

> 如果在我面前放上一瓶非常精致的葡萄酒，我总是会尽可能多喝一点儿，有时甚至会超出身体的承受范围。这其实就是贪食。但暗自思忖，何时再能品尝到这样的美味？哪里还能找到同样醇香、同样温度、装在同样精美的水晶杯中的葡萄酒？即便能再遇到，那时的我还会拥有此时此刻的闲情雅致吗？就像我现在身处绿意葱葱的山头眺望大海，沉浸在这间餐厅的幽静氛围之中，坐在码头上的渔家咖啡馆中。[13]

活在当下的享乐主义可能没有太多的理由，只是觉得这一刻以及其中的所有终将消失得无影无踪——一去不复返——所以再喝一杯吧。然而，她的话语中隐藏着些许精英主义，有多少人具备如此雄厚的资本，能用如此精致的水晶杯喝昂贵的葡萄酒？正如罗马人奢侈的饮食习惯那样，美食家所展现的“活在当下”理念难道就没有与生俱来的排他主义吗？

幸运的是，费雪认识到了这一问题。这就是为什么她的书不仅教授西梅鹌鹑烩牛杂等名贵菜肴，还涉猎众多家常菜。菜谱中最棒的美味之一当数葛文阿姨的煎蛋三明治：先将鸡蛋煎至软如羽翼，再加入大量的油，卷入隔油纸中，然后揣入口袋，直至变得潮湿松软，就可以在山顶上，沐浴着夕阳享用了。[14] 20 世纪 30 年代，她居住在斯特拉斯堡期间，还钻研过橘子的吃法。“橘子带给我的快乐，”她写道，“是细腻而饱满的，这种感觉只能意会，不可言传。”具体做法是在清晨剥开橘子的外皮，分开每一瓣果肉，去掉上面的白色丝线，然后用报纸盛放果肉，置于散热器之上。到了下午再拿出来，品尝时应该一瓣一瓣细细咀嚼，牙齿切开每一颗细小的果粒，“轻薄得如中国瓷碗的那一层搪瓷釉”。[15]

这些食谱宣扬的是质朴，而非节制。费雪并不像斯多葛派那样主张克制和自控，她的信条是让自己沉浸在感官快乐之中。她坚信，只要保有一颗质朴的心，即便没有万贯家财，也可以做到这一点。几乎任何人——至少在西方——都可以制造煎鸡蛋或买到新鲜的橘子。可以说，费雪就是其中的美食传道士。

我们还可以进一步深化“活在当下”的美食主义的民主效用：把那些橘子果肉分享出来，不再据为己有。我曾在危地马拉的难民区住过一段时间，那里的食物极度匮乏。有一天，我受邀参加一场社区宴会。在此之前，我已经吃了三周的玉米饼和黑豆，而在宴会上，我居然吃到一小碗鸡肉炖番茄。整个村子的人都团坐在木桩之上，伴着蚊子、热浪和满地污泥，一同享用食物。这才是质朴、慷慨和美食享乐主义。我第一次感受到自己成了他们中的一员，并真正明白了人类学家在一个世纪前曾说的话："宴会礼仪是一种社交形式，能够建立友谊，激起共鸣。"

CARPE
DIEM
REGAINED

The Vanishing Art of Seizing the Day

重新活在当下

第六章

不只专注现在

在理查德·林克莱特（Richard Linklater）的成长类型影片《少年时代》（*Boyhood*）的最后一幕中，两名大学生安静地坐在石头上，眼前是一片寥若晨星的岩石。其中一个叫尼克的人对同伴曼森思忖道："你知道大家总说的'抓住时光'吧？我觉得生活是相反的，是时光抓住了我们。""对啊，我知道。"他回答说，"时光，是永恒不变的……就像永远是现在。"

这段对话揭示了"活在当下"理念前所未见的发展：在过去的20多年间，"活在当下"越发与此时此刻的存在相关联。如果询问一群人对"活在当下"的看法，你会惊讶于有太多的人跳过最常见的解释——把握生命中转瞬即逝的机遇——而认为是沉浸在此时此刻。本书所参照的数据库显示，20世纪90年代以前，媒体和其他公共资源并未出现过这样的解释和观点。有关将"活在当下"诠释为"存在"的论点，近四分之三出现在2000年以后。虽然大多数民众仍将"活在当下"视为把握机遇，但已有五分之一的人将其视为对"现在"的体验，即一个永恒的瞬间，既不受累于过往，也无惧于未来。[1] 重要的不再是每一天，而是每一瞬间。

这期间发生了什么？如此古老的人生观是如何在这么短的时间

里被赋予了新含义？

一种主流的解释是正念运动的兴起。进入新千年之际，正念——我指的是现代世俗化的练习，而非佛教中古老的冥想——成为席卷全球的风潮。成千上万的民众（包括我自己）报名参加五花八门的正念课程，社区中心、医院、商场和学校，随处可见人们学习安神静气、专注现在的方法。媒体充斥着各种各样的科学研究，证明它能有效治疗多重疾病，从焦虑、抑郁到狂躁暴力和心脏病，甚至还能协助戒烟。发起人之一乔恩·卡巴-金说，正念“很可能给宇宙或全球带来一次新生……其影响甚至超出欧洲和意大利的文艺复兴”。他相信，正念可能“是地球和所有物种能否挺过未来几个世纪的关键”[2]。

这样的话总让人觉得夸大其词，实际情况也的确如此。因为正念带来的积极作用经常伴随着难以察觉的负面影响。由于正念流行度较高，因此社会很少出现批判性思考。这迫使我提出三个问题，以正视听。第一，风靡全球的世俗般冥想——有悖于佛教几千年来的传统——过分强调关注自我，导致道德基础薄弱；第二，将太多的注意力集中在此时此刻，忽视了人类对未来目标的渴求；第三，正念成为当今较为普遍的享受此刻的方式，让民众逐渐忽视通过其他有效途径进入当下，比如“亢奋”“心流”“惊叹”和“集体狂欢”。在社区大厅的冥想课程中安定身心所获得的存在感，完全有别于在瓦胡岛北岸的波涛中冲浪，或在音乐节现场与众人热舞所体验到的存在感。换言之，正念只是享受此刻的途径之一。

更重要的是，现代正念运动——很大程度上属于无意行为——绑架了“活在当下”：机遇、享乐、即兴等都将被“存在”所替代。

的确，很多书籍和课程都明确地把贺拉斯思想等同于正念。一所大学的医院就将正念视为一种治疗手段，其网站写道，“正念是人与生俱来的享受此刻、把握时光的能力”[3]。既然“活在当下”已“收编”正念，成为内容更加丰富的人生观，我们就应避免出现“一言堂”的局面。

我曾与多人交流过这些看法，他们都因我对正念的批评而感到惊讶甚至愤怒。显然，这是一个比较尖锐的话题。不过，虽然我意识到正念的价值及其流行程度，但我仍认为，它在“排挤”其他“活在当下”的方式。

1. 正确看待正念

20 世纪 50 年代，东方灵修和宗教思想的引入普及了禅宗和超觉静坐等习俗，也是从那时开始，西方文化逐渐迷恋“活在当下”。其中一位狂热分子是阿道司 · 赫胥黎，他在 1962 年发表乌托邦式小说《岛》(*Island*)，故事背景是一处丛林天堂，那里存在一种经过特殊训练的八哥，能够叫出“此刻此地！此刻此地”和“注意注意”，以便提醒当地居民珍惜现在。很快，整整一代人都开始寻找神圣的“现在”。披头士乐队也不例外，他们拜师于钟爱劳斯莱斯的玛赫西大师，学习静坐冥想。“我觉得你的意识可以到达某种状态，一种觉察不到任何事物的状态……你只是存在着，”约翰 · 列侬（John Lennon）在 1968 年说道，“每周比别人多‘存在’几次的人是最幸福的。”[4] 一个时代的标语变成了“存在”，而不是“行动”。1975 年出现转折性事件，越南禅宗大师释一行发行著作《正念的奇迹》(*The Miracle of Mindfulness*)，让“正念”进入了公众视野。书中内容涉及静坐冥想和呼吸，并专注日常生活行为，如走路或洗碗等。[5]

尽管基督教的冥想传统可以追溯到中世纪，但近来爆发的正念运动均衍生自战后流行起来的东方冥想传统。如今，正念存在两种主要方法：正念减压法（MBSR）与正念认知疗法（MBCT）。两者的理论依据均来自佛教的冥想（尤其是内观），都特别注重呼吸的重要性。[6] 但是正念减压法的创始人乔恩·卡巴-金反复强调，他的初衷是打造一种科学的、世俗化的正念法——按他的说法是“不含宗教色彩的冥想”——让民众树立“当下意识”，培养“不评判”的美德，不必受累于因果循环和四圣谛（译者注：释迦牟尼体悟的苦、集、灭、道四条人生真理）。[7] 这种科学的疗法极大扩充了正念的受众范围，从医疗从业者到企业老板都纷纷加入这一行列。英国甚至可以组建一个“正念全党议会小组”，将正念作为改善全民心理健康的“经济型”手段。[8] 任何一名正念学员都能随意说出大量“以事实为依据”的科学调查数据，阐明为期八周的课程如何显著改善身心健康。

正念运动的流行还得益于“天时”。自20世纪90年代末开始，欧洲和北美便上演了一场人类在特定历史阶段下的健康危机：注意力崩塌。[9] 而正念恰好是这一危机的完美解药。许多人，特别是中产阶层职人，感到生活就是没完没了的电子邮件、社交媒体和数字新闻。为了能赶上这样的速度，他们总是肩负着巨大的压力，根本无法专注当下。无论是走路还是乘车，10分钟之内必须翻看手机。他们的思维追逐着一个接一个的任务和一个又一个的APP，“持续走神”已成为常态。

这种“走神流行病”有什么临床表现？想象一下，几年前，世界级小提琴家约夏·贝尔（Joshua Bell）带着1713年斯特拉迪瓦里小提琴，在早高峰时段来到华盛顿地铁站，花了43分钟演奏巴赫等名家的作品。要知道，通常至少需要支付100美元才能听到贝尔的演奏。那么，上班的人群中，是否有人围观了这位大师的精彩演出？他们是不是纷纷向大师的琴箱里投钱？答案是否定的，在路过的1097个行人中，只有7人停下来，看了不足1分钟。[10]

正念的作用在于促使人们停下脚步，聆听生命之音，让他们沉浸在此时此刻。为了亲自体验正念的作用，我近期参加了正念认知疗法课程，上课地点是英国一处著名的正念中心，授课教师为业内资深人士。第一堂课的内容是介绍静坐和呼吸的方法，让杂念沉淀在心田。我对此比较了解，因自己之前参加过佛教冥想课程，并且十分崇拜释一行。[11] 课程让我们认识到，每一天的生活过于机械，疲于奔命，有时应该歇一歇，多关注当下，关注自己真实的思想、感觉和体验。

接着，我们又学习了身心放松法和三分钟呼吸法。几天后，我开始有所感悟。导师侧重的都是“我我我”——正念如何排解我的压力和焦虑，如何改善我的身心健康，如何让我享受生活中的快乐（比如一粒葡萄干或是声声鸟叫）。第三周，有一位学员与导师交谈时说道，他的一位佛教僧侣朋友把正念课程描述为“没有道德准则的佛教”，这句话让我决定不再来上课。当时，课堂出现几声尴尬的笑，然而导师并没有直接回应，而是以提问搪塞过去，他问那位学员在听到朋友的见解后，是否能把自己的注意力拉回到当下。一门严格设计的课程或讲义，怎么可能不讨论正念的道德问题和个人主义问题呢？

有人曝光正念已潜入金融世界中，疲惫不堪的华尔街交易员依靠“快餐式正念”，帮助自己在市场动荡期保持冷静，沉着应对高风险交易。[12] 虽然大多数人练习正念并不是为了锤炼海军陆战队 M40 狙击步枪的使用技巧，也不想在金融市场中拼出个未来，但正念还是因为无法回答诸如“我专注的是什么？”“我应该留意些什么？”等问题而备受诟病。

现在，佛教学者和评论家越发意识到，在正念推动佛教冥想世俗化、广泛吸收学员的过程中，这种现代的“科学”方法营造出一种道德空洞，这有可能让当代个人主义“死灰复燃”。[13] 不仅如此，他们还认为，从贫困儿童到性别不平等，正念对社会中存在的这些深刻结构型问题避而不谈。正念的核心价值是自我，并非通过直接挑战政治强权和不平等来改变世界。正如社会学家蕾娜塔·莎莉塞（Renata Salecl）所说，“新时期的意识形态主张活在当下、顺其自然”，这严重阻碍了社会变革的发展脚步。著名的佛教讲师罗纳德·珀泽（Ronald Purser）和安德鲁·库珀（Andrew Cooper）则更加直言不讳：

> 迅速主流化的正念，为中上层社会群体和企业精英提供了一种毫无风险的冥想方法，帮助他们进一步“自我认可”和“膨胀”，消化焦虑，一如既往地拥有一切金钱、权力和幸福。当然，也会变得更加“专注”，进而有效规避那些寻求社会问题根源的群体。[14]

评论界还经常在当今世俗化的正念与释一行等人倡导的“参与社会的佛教”之间做比较。释一行曾强调，正念应结合实际行动解决武装冲突和贫穷等现实问题。越南战争期间，释一行曾不遗余力地调和南北越南间的关系，积极开展非暴力反抗运动，并组建救援机构重建被摧毁的村庄。[15]

面对如此密集的攻势，正念运动宣称，自我关注不代表自私。诚然，正念的确提升了我们的自我认知水平，这恰好是激发我们面对一系列社会问题的关键。心理学家丹尼尔·戈尔曼认为，专注意识是形成同理心的先决条件：如果你走路时忙于低头回信息，那么你可能没什么机会发现街上有人需要帮助。[16] 同理，来自“地球之友”组织的一份针对“专注的消费者”的报告显示，练习正念可以让民众减少物欲，有效抵挡消费文化，树立更高的环保意识。不过，目前此类证据的数量仍十分有限，并且因果关系不明显。在另一项十分类似的研究中，一位受访者曾参加过正念课程，虽然购物强迫症得到了有效缓解，却把节省下的资金用于出国度假，“给环境带来了更严重的破坏”。此外，正念带来的潜在影响十分有限，因为“学员主要是中产白人家庭”。[17]

我希望自己可以更乐观地看待正念的潜力，相信它能够促进道德生活，引发积极的社会变革。当然，许多正念从业者也在做此类思考。比如，乔恩·卡巴-金就特别关注道德问题。在谷歌举办的一次演讲中，他这样评价正念：“这完全是一种道德存在方式，如果不道德，就不是正念。”[18] 此外，他还讨论了“道德行为”的重要性，还专门用一章的内容阐述“慷慨的美德”，不过，使用的却是个人主义的口吻。“在专注培养慷慨美德时，没有必要放下所有，或者说什么都不用放下，”他写道，“毕竟，慷慨是向内给予……也许，最重要的是先给予自己。”[19] 任何因奢靡生活而心感罪恶的华尔街银行家听到这样“慷慨”的解释，都会倍感宽慰。乔恩·卡巴-金的愿望是先通过正念善待自己，再去帮助他人。但这终归只是一种缺乏实质性经验证据的愿望（至少目前如此）。另外，乔恩·卡巴-金只是在私下探讨道德，并未在流行甚广的主流正念课程中受到广泛关注（甚至是任何关注）。

要想为正念辩护，可以给出这样的观点：如果将其定位成“中立”、科学的方法，关注个人切身利益，那么就能吸引更多的人。毕竟，不是所有人都喜欢像真正的佛教僧侣那样进行冥想，谈论慈悲之心，劝导民众摒弃盲从的心态和墨守成规的习惯，专注生命中的每一个瞬间。另外，正念的出发点（通常）并非触发社会变革，所以在这方面没有建树也无可厚非：它只是一种提升我们意识的方法，帮助我们留意不断流逝的生命。

然而，评判标准不应该这么低，因为这会使正念很容易披上道德无辜的外衣。除非正念对道德愿景做出明确表态，否则它只会维系利己主义文化，或至少不会对这种文化构成严重威胁。佛教能在讲义中融入道德观，那么正念课程为什么不可以呢？当然，任何一种“活在当下”的方式——专注此刻、机会主义或享乐主义都应该重视道德，这是为什么我会在本书的后面章节中探讨符合道德的“活在当下”的方式。而此刻我们需要认识到，正念以世俗、科学的方式呈现，并不符合道德。

我们需要在这里提及正念所面临的另一项挑战，即关于人生旅程的终极思考：正念能够满足我们对生命意义的渴求吗？

2. 为什么“在当下”永远不够

无论是科学的新式正念技巧，还是古老的佛教习俗，其中的共同点在于让我们关注当下，但这是一个我们大脑无法很好完成的任务。很多人在练习冥想时，都会经历挫败感，因为无法平复头脑中的万千思绪，不是担心自己当天的工作，就是犯愁晚饭吃什么。不过，回忆过去和思考未来是身心健康的自然表现，对于我们树立认同感和应对世界起着至关重要的作用。设想一下，完全（并且是永远）沉浸在当下是一种怎样的体验？如果你觉得这种情景难以想象，那么有必要认识一下神经科学史上受到最广泛研究的人物之一——亨利 · 莫莱森（Henry Molaison）。

亨利在医学界以“HM”著称。他于 1926 年出生在美国康涅狄格州。1953 年，为了治疗癫痫病，27 岁的亨利接受了额叶切除手术。但手术效果并不理想，虽然抽搐频率有所降低，却导致他患上了失忆症。这种病痛一直折磨着他，直至 2008 年去世。亨利的记忆只能持续 30 秒，之后就会忘记一切。祸不单行，他的脑手术也失败了，导致他失去了想象未来的能力——无法为明天、下个月或明年制订任何计划。这使得亨利进入神经系统学家苏珊妮 · 科金（Suzanne Corkin）所说的“永远的现在时”，“被困在了当下”。[20] 科金对亨利做了 46 年的测试，但他们每次见面(即便她只离开实验室 10 分钟)，亨利仍无法认出科金。

那么，亨利能正常生活吗？刚刚过得去。他可以说话、阅读，做简单的算术，玩宾果游戏，但仅此而已。如果去饭馆用餐，点菜会非常困难，因为他不知道自己喜欢吃什么。他也无法从事任何工作，因为刚了解完工作内容，就又忘记了。同一本杂志，他可以做到真正的“百看不厌”。所以，他需要全天候的陪护，不仅可以提醒他保持个人卫生，还能确保他不会走丢。虽然他为人友善、性格温和，却没什么真正的朋友，因为他想不起来别人的名字或个人情况。他记不清自己的年龄，每次猜想的时候，都会与实际相差几十年。他保留了一些手术前的记忆，但极为有限。“由于无法建立新记忆，”科金说，“导致亨利无法撰写自传。”[21] 永远沉浸于现在，导致他对个人认同感产生模糊的认知，根本无法独立生活。

亨利的故事告诉我们过往的重要性。我们可能都曾遇见过患有失智症的人，严重的记忆丧失（首先丧失短期记忆，然后是长期记忆）致使他们无法认出家人，失去社交能力和对自我的认知能力。虽然他们可以一直生活在当下，但这种“被迫的能力”绝不是你我想要的。我们对自己的认知完全离不开记忆，因为记忆能给我们时间的连续感，并建立与他人的联系。

神经学研究表明，未来与过去一样，对我们同等重要。人类热衷于预测，我们的大脑会不断思考即将发生的事情，判断某种行为或某个事件会给我们带来快乐还是伤害。“任何一种动物都需要完成的一个终极目标，”神经系统学家莫尔登 · 克林格巴赫写道，“那就是熟练预判未来事件能给自己带来多少愉悦和成就感。”[22] 我吃完第三块巧克力蛋糕之后，会开心吗？我现在应该为明天的会议做准备，还是陪孩子们一起玩？生活中充满了选择，这需要我们把思绪投射到未来，并且考虑这些行为产生的后果。当然，我们擅长总结经验，不必总是推测事情的走向。比如我们在野外看到老虎，立刻就知道要逃跑。不过，总的来说，思考未来是必要的生存机制，是帮助我们应对变幻莫测的生活的罗盘。

正念的危害在于把我们的注意力集中到此时此刻，过去和未来被置于虚化的背景之中。不过，正念导师并未让我们完全过滤掉它们，进入亨利·莫莱森式的永恒“当下”之中。所以，我们可以在正念时思考过去或未来。但一般来说，如果我们的思绪开始漂浮不定，正念冥想导师就会不停地把我们的注意力拉回到当下。[23] 不过，我们应该意识到过去和未来的重要性：俨如骑自行车，在享受清风拂面的惬意之时，还要注意身后的双层巴士和前面的交通灯。正念可能只教授我们如何感知当下的思绪和感受，殊不知，我们也需要以往经验和未来目标的指引，帮助我们抉择，过好这一生。

以上是维也纳精神科医师维克多·弗兰克尔的主要研究成果之一。他的许多见解都源于自己在奥斯威辛等集中营的生活经历。由于他曾严重质疑正念赋予现在的重要性，所以有必要深入了解他的学术理念。

1997 年去世的弗兰克尔曾发明了一种“意义疗法（logotherapy）”，这个名称源于希腊词语“logos”，指“意义”。弗洛伊德认为人类行为最终的动力是“快乐原则”，相比之下，弗兰克尔则主张真正重要的不是“寻找快乐的意志”，而是“寻找意义的意志”。他说道，“如果一个人超越自我，投身于更伟大的事业之中”，那么这个人就找到了意义。他还借用精神科学家、哲学家卡尔·雅斯贝尔斯（Karl Jaspers）的名言：“一个人所追求的事业，最终成就了这个人。”[24] 弗兰克尔将其中的“事业”称为“具体任务”，能把我们的注意力拉入未来，发现对自己的重要意义。这个具体任务可能是设计一款全新的空间望远镜、保护生物多样性、组建业余合唱团或是照顾患病的父母。无论内容如何变化，都能为我们未来的选择和行为指引方向，帮助我们明白所谓的珍惜生命，应该珍惜些什么。[25]

弗兰克尔的理论具有坚实的学术基础。例如，亚里士多德就曾意识到，我们每个人都应该“为幸福生活树立一些目标……因为不以某种目的来规划生活，是一种非常愚蠢的行为”。[26] 弗兰克尔的独到见解源自他在死亡集中营里发现的“生活实验室”[27]，他意识到，追求某项事业或项目不仅能让人们保持良好的精神状态，还能躲过死亡。他提及一位准备自杀的科学家：弗兰克尔劝导这位科学家活下来，因为这样才能完成他在战争之前就开始撰写的系列丛书——一项只有他自己才能完成的任务。这样的目标让科学家找到了精神支柱，精神支柱最终也变成了求生手段。困在集中营里的人，如果没有“追求意义的意志”，通常会选择自杀，或很快被疾病击垮。一个人的生死去留，很大程度上不取决于身体强壮与否，而在于他（她）是否找到了为之奋斗的事业，让自己“能战胜周围恶劣的环境，进入富饶的内心世界，享受精神自由”[28]。

弗兰克尔还列举了多个战争以外的典型事例。他指出，尽管歌德因重病而生命垂危，但强大的意志力仍帮他夺回了 7 年生命，写出了《浮士德》的第二部分。最终，他在完成这部手稿的两个月后病故，享年 82 岁。歌德的使命感让他活了下来，只有实现目标，他才能安然离去。[29] 现实生活中经常上演类似的情景：一对年迈夫妇，如果其中一位先离开人世，那么另一位也很快步人后尘，因为失去生命中最重要的人，也就失去了对生的渴望。

弗兰克尔还强调要在痛苦中寻找意义。他借用了一位女士的故事，她是弗兰克尔在维也纳医疗小组中的一名病患。这位女士曾企图自杀，因为自己的一个儿子身患残疾，另一个则在 11 岁时不幸夭折。弗兰克尔先询问小组中另一位 30 岁的女士，让她想象一下自己 80 岁临终前，回首一生荣华富贵却膝下无子的生活。这位女子试着描述奢靡的生活，但始终缺乏实质性内容。“我这辈子真失败。”她总结道。接着，他让第一位女士想象一下自己 80 岁临终时的情景。她声泪俱下，述说自己如何竭尽全力照看孩子，为他打造更加多彩的人生。“我的生活不是一场空！”她坚定地说道。弗兰克尔通过观察得出：“站在临终时刻回顾一生，让她突然间看到了生活的意义，这种意义甚至消解了她的所有痛苦。”[30] 在弗兰克尔看来，这样的事例揭示出，虽然我们有时无法改变外部环境或躲避痛苦，却可以选择面对坎坷的态度。[31] 这才是自由和责任的实质所在。

我敢断言，如果弗兰克尔活到今天，肯定早就对正念口诛笔伐了。为什么？因为正念宣讲的是让思维停留在现时，远离构建生命意义的未来愿景。[32]“意义疗法关注的是未来，”他写道，“也就是说，关注的是等待实现的人生规划和意义。”[33] 弗兰克尔也会对正念强调的“把我们带入一种平和的内心平静状态”的方式保持警惕，因为在这种状态下，我们对过去和未来的焦虑会烟消云散。因为他曾明确反对追求“内心安宁”或减少“不安情绪”，而这恰好是正念的宗旨。[34] 他坚信生活需要不安的情绪、挑战及一定程度的焦虑和痛苦。正是我们这种为缩小自己与远大抱负之间的差距而付出的艰辛与努力，铸就了生命的意义。尽管完成任何一项任务都可能意味着痛苦，但却给了我们生活的理由。如果没有这种痛苦和不安，我们可能就会陷入弗兰克尔所说的“存在的真空”之中。[35] 这种平静的状态实际上会让我们变得无所事事，最终渴求生命的意义。他指出，大部分疗法都在帮我们逃离忧虑，但“病灶的根源不只是压力，还有释放压力后的空虚”。[36] 所以，正念很可能让我们搁浅在空虚的沙滩之上。

正念的支持者可能会做出合理反击，强调他们并没有完全忽略过去和未来，只是认为我们更需要专注当下，尤其是在高速发展的数字时代。这是思想家埃克哈特 · 托利（Eckhart Tolle）在其畅销书《当下的力量》（*The Power of Now*）中所表达的观点，这本书虽然提及了部分正念方法，却不完全属于正念范畴。不过，和其他许多倡导当下意识的人们一样，托利坚信，只有活在当下才能发现真正的意义和幸福。“把‘现在’视作生命的焦点，”托利劝导说，“让身心停留在其中。只在必要的时候，偶尔考虑一下过去和未来，以便处理生活中的实际需要。”换言之，我们可能需要过去的记忆提醒自己要在超市买什么，需要未来的规划以确定下次的购物清单。除了此类日常功用以外，过去或未来都不应成为精神寄托。按托利的说法，它们是“痛苦、混乱和悲伤”的源头，人们只有在当下才能释放“真正的自我”。[37] 我认为这种观点有些极端。弗兰克尔就曾告诉过我们，未来是生命意义的重要源泉。我们应该在过去、现在和未来之间找到一种平衡，而不是只专注其中一方面。

所以我们应该禁止练习正念，不再关注当下？当然不是，因为对于任何人来说，正念都会带来积极的作用，就像当时带给我启发一样。问题在于有人要将它推广成日常生活的准则，“一站式”解决有关生命意义的所有问题。痴迷于当下的不只是埃克哈特·托利。尽管乔恩·卡巴-金在提及正念时，偶尔会表现得非常克制，强调不应将其视作“可以解决所有生活问题的万能药”，[38] 但是，他也曾以同样的“先知角度”表示，正念“不是货架上的另一个商品”，而是“人性的绝对核心”。我们对当下的认知能力是通往人性的“终极之路”。这些话语过于冠冕堂皇，如同他所秉承的信条：正念能带来一场拯救地球的“伟大重生”。[39] 我认为，保有谦逊的态度是必要的，正念确实存在诸多好处：有益身心健康，给我们创造思考的空间，找出具体的任务，从而赋予生命以意义和方向，并在生活中更多地做出“活在当下”式的选择。然而，正念不是生命、宇宙和一切问题的答案——至少不是唯一的答案。

3. 逐渐消失的当下

谁会忘记《音乐之声》的开场呢？即便你认为这部电影过于煽情，你也可能会记得修女玛丽亚在奥地利阿尔卑斯山上欢呼雀跃的状态，她高唱着“音乐之声激荡群山峻岭，千年之歌世代传唱至今……”她迷失在歌唱之中，最后才听到远处传来的修道院钟声，导致自己来不及参加弥撒。院长很不高兴，把她带到了总院长面前。

> 总院长：来吧，我的孩子，坐下。
>
> 玛丽亚：尊敬的院长，对不起，我是不得已而为之。院门没锁，大山又实在太诱人……您看，今天万里无云，到处郁郁葱葱，我必须走出去感受这一切。是翁特山让我越走越远，仿佛想让我迷失在云朵之间……我今天只是在那里唱了一会儿歌……自己好像停不下来，走到哪儿都想唱。

玛丽亚的问题出在哪里？至少从修女的角度看，是她自然散发的、无法掩饰的亢奋。她没有按部就班地让自己沉浸在祷告的专注之中，而是迸发出忘我的活力与激情，群山、蓝天、飞鸟和生活的快乐让她“乐不思蜀”。玛丽亚对生活的热情给了她活在当下的超凡能力，但这种“活在当下”完全有别于正念呼吸或一种叫作“行禅”的冥想。

到底什么是“亢奋”呢？在临床心理学家凯·雷德菲尔德·杰米森（Kay Redfield Jamison）看来，“亢奋是一种充满激情、热情洋溢的情绪……当然，它有别于满足感，因为亢奋的情绪可以激增、膨胀甚至一发不可收拾”[40]。它是一种生命活力和热情，比开心更激烈，比狂喜稍逊色。我们蕴藏的生命力就是热情的外显，希腊语原意是“en theos”，即如有神助的意思。不过，杰米森指出，长期如此并非好事，如果所有人都一直处于亢奋状态，“世界将变成混乱之地，无法抑制的热情会让一切支离破碎”[41]。出现太多的“玛丽亚”可不行。

在杰米森看来，亢奋的群体代表一种特殊的人格类型，占总人口的6%～10%。[42] 它在很大程度上是一种与生俱来的特质或倾向，与外向性（某些情况是躁郁症）密切相关。你无法像练习正念那样练习亢奋，它是一种天生的特质。从自然主义者约翰·缪尔到物理学家理查德·费曼，从《癞施堂的癞施先生》（*Mr Toad of Toad Hall*）到《史努比》，都是亢奋群体的范例。而杰米森最喜欢的人物之一是美国总统西奥多·罗斯福。他对生活充满无法抑制的热情，说话时总是手舞足蹈，每隔5分钟就会大笑一番。他经常在白宫院内和孩子们比赛奔跑，在大理石台阶上追逐打闹。“你必须永远记着，”一位英国外交官说道，“总统只有6岁。”[43] 和玛丽亚一样，罗斯福对生活有着“活在当下”式的渴望，能够以最饱满的状态度过每分每秒。

今天，“在当下”被简化成注意力的静止。“亢奋”这种特质提醒我们，正念不是唯一可以让我们沉浸在此时此地的方法。并且，“当下”也存在多种形式，有待我们了解。这些方法和形式或许可以激发我们的其他情感，给生活带来不一样的意义。那么，有哪些不同的方法（特别是如果我们恰好不具备玛丽亚的特质）？冲浪可能给我们一些启发。

冲浪运动员对“当下”有着深刻的感知，他们描述驾驭海浪（尤其是大浪）的感受时，言语间充满了存在感：

> 最棒的冲浪状态是你全神贯注、旁若无人的时候，只有你自己、海风、大浪、嘴里的海盐，以及颠簸的视野和刚学的动作。其他一切都不存在，心无杂念，了无牵挂。那一刻，时间静如止水。[44]
>
> 真正达到全神贯注的状态，你的世界将会缩小到自己在周围环境中的所见和所感……那时，你活在当下，单纯地享受冲浪。[45]
>
> 当你冲上浪尖时，时间将不复存在。你处于一种极其紧张的状态，夹裹着快感、平静、兴奋和存在感，这种复杂的情绪让你一次又一次地渴望拥有……如果说冲浪能教会你些什么，那便是如何进入当下。[46]

可能连冲浪者自己都不知道，他们无意间说出了一种现象，心理学家称之为“心流”，指的是在你完全投入到一项活动中时，过去或未来都不再重要，你完全自然地沉浸在当下。时间感全部消失，你全身心地从事这项活动。用一个比较通俗的词语形容这种状态就是“全神贯注”。看一场势均力敌的足球赛，在酒吧演奏吉他，玩数独或为好友准备一桌丰盛的晚餐，你都可能体验到这种感觉。心理学家米哈里·契克森米哈赖（Mihaly Csikszentmihalyi）用数十年对各界人士进行心流研究，其中包括篮球运动员、外科医师、攀岩者、棋手和钢琴演奏家（据我所知，没有冲浪者）。他发现，进入心流状态的关键在于：你所投入的项目不能太简单，也不能太难。简单会很快导致厌烦心理，困难会产生对失败的焦虑。此外，还需要具备一定的挑战性或风险性。换言之，你需要稍微离开自己的“舒适区”，才能进入全神贯注的状态。

契克森米哈赖认为，心流等同于“快乐”或他所说的“最优体验”。除了沉浸在当下以外，心流还具备其他外显特征：你控制着自己的行为，体验到一种兴奋感和超越感；你熟练掌握着一种技巧，并且活动本身成为一种行为，而非手段。令人遗憾的是，由于我不具备任何冲浪技术（作为澳大利亚人，此处略显尴尬），所以无法宣称对以上内容感同身受。然而，作为中世纪运动项目室内网球（一项室内运动，使用弯曲的球拍，融合了常规网球、壁球和象棋的元素）的爱好者，我还是体验过心流的感觉的。[47] 帮助我进入当下的不是安静冥想，而是凌空反手拦网。更多的不是自己活在当下，而是“当下”像脉冲一样穿过我的身体，将思维和身体融入同一个瞬间之中，存在和行为在此刻互通。当然，我只能等一切都结束之后，才能写出这些描述。当我连续对打（室内网球运动员坚持称之为“赛前试打”）时，我没有任何思维或感觉，我只是在打球。

这又能如何帮助我们理解“当下”的不同形式呢？契克森米哈赖的一个重要观点是“最优体验不是被动的、易于接受的放松状态”，这与大众的印象截然不同。“最棒的瞬间通常是一个人的身体或精神在主观的带动下超出自己的极限，并完成某些艰巨或意义深远的任务。”[48] 与维克多·弗兰克尔的“具体任务”理论相似，实际的体验并非都是令人愉悦的：可能会出现身体不适或心绪混乱。但是，你仍然可以收获一种“活在当下”式的鲜活体验。“别担心，要快乐”？契克森米哈赖对此不敢苟同。快乐，指的不是摆脱忧虑，进入一种内心宁静的状态，而是为了应对挑战，付出每一分努力和艰辛，同时仍能享受其中的刺激与风险。这就是冲浪者所说的“超兴奋”。

除了“亢奋”和“心流”，还有一种更原始的进入“当下”的方法——惊叹。“惊叹”这个词可以追溯到古诺尔斯语（Old Norse），但其确切的词源尚不得知。这也印证了该词的本义：一些超出我们认知范围的东西。“惊叹”形容一种敬畏或惊讶的状态，指我们被某种事物的壮丽、美感或神秘所吸引和控制。大峡谷广袤的寂静，在大堡礁把我包围的黄貂鱼群，6 岁时看到的雄伟的埃菲尔铁塔，以及女儿刚出生时紧握的小手，都让我无比“惊叹”。

“惊叹”是一种只可意会不可言传的状态。我可以试着描述 17 岁时独自站在喜马拉雅山上“惊叹”的瞬间：眼前一望无垠的群山让我觉得自己如此渺小和平庸，自己生活中的问题在大自然面前变得不足为道。不过，这样平淡的句子根本无法呈现我当时感受到的觉醒之力和深远意义。所以描述“惊叹”需要诗人般的敏锐，这也许说明了为什么浪漫主义者是早期最成功的传教士。歌德和柯勒律治等诗人曾盛赞大自然令人敬畏的壮丽——崇山峻岭、疾风骤雨和万里冰川。同时，他们还兼备强烈的科学气息。诚然，只有具备洞察力和好奇心的诗人气质的科学家，才能以最饱满的语言描述“惊叹”。让我印象最深的是纪录片《宇宙》（*Cosmos*）的开场词，这是卡尔·萨根（Carl Sagan）制作的电视纪录片，首播于 1980 年，迄今观看量已达 5 亿人次。萨根是一位了解诗歌力量的宇航员，为了推出史诗般的杰作，他故意绕开枯燥的统计数据，尝试以圣诗般的韵律呈现宇宙之美：

> 宇宙是一切今在、曾在和将在的总和。凝视着宇宙，我们兴奋不已，夹裹着不安、惊奇和眩晕的感觉，就好像从高处猛然跌落。我们深知宇宙是最壮丽的神秘，空间和时间上的广阔超出了人类的理解范围。在浩瀚与永恒之间，我们迷失在一颗小小的星球之上——地球……宇宙中的我们就像飘荡在晨辉中的一粒灰尘，我们对宇宙的认知程度，将决定着人类的未来。

萨根就是“惊叹”之王。“虽然我的父母不是科学家，”他写道，“却教会我怀疑和惊叹，而这两种不太协调的思维模式，是从事科学研究的关键。”[49] 他的这段话引出一个问题：我们真的可以像学骑自行车一样学习“惊叹”吗？自然的“惊叹”能力是一种深刻的人性，大部分文学作品都表达了对世间万物的“惊叹”。然而，在崇拜速度如同崇拜上帝的当今世界里，我们要多久才能停下慌乱的脚步，去感受宇宙带给我们的不安和惊奇？于是，正念作为一种发现“惊叹”、解锁无限可能的手段出现在人们的视野之中。它能放慢我们的脚步，打开我们的视野，让我们看到日常生活中需要“惊叹”的美好，如四季变换、孩童爽朗的笑声。一款手机应用可能会告诉你所有星星的名字，但正念能给你专注的状态，让你看到繁星时发出声声惊叹。虽然正念被宣传成一种解决个人问题的方法，但它仍能给予我们超越自我的愿景。

一些崇尚正念的人可能会认为，我提及的进入当下的方法——

亢奋、心流、惊叹——其实属于正念的不同形式。你可以专注地跳舞，专注地遥望星空，专注地冲浪以及在翁特山上专注地歌唱。但是，如果正念变成了一种涵盖一切的概念，那么它就失去了自身的意义和完整性。正念认知疗法的意识练习（如 3 分钟闭眼呼吸法）所产生的身心体验，完全有别于身处激烈的冰球比赛现场。正念只是众多进入当下的方法之一，这些方法有一个共同点——让我们沉浸在不受时间影响的当下。

4. 数字化当下

1844 年 5 月，《纽约先驱报》（*New York Herald*）发文介绍了一项举世瞩目的发明，可以在一瞬间消除时间和空间的阻隔：

> 莫尔斯教授发明的电报机不仅开创了信息传递的新时代，还衍生出了全新的思维方式，因为以前从未有人确切知晓 40、100 或 500 英里外的城市正发生着什么。

电报线路的出现，不仅能让人感受到自己周围的“当下”，同时还能感受到另一种“当下”，即一位远在华盛顿的议员此时此刻的讲话内容。如那篇文章所写，“人们可以清楚地意识到，‘当下’不再是‘已经发生’，而真正成了‘正在发生’”[50]。

互联网和其他数字技术将这种转变推上了新的高度。在即时信息、脸书、推特和各种新闻客户端的“帮助”下，我们自己的当下变成了全球成千上万人的当下，我们有限的注意力成了他们竞相争夺的宝贵资源。尽管我们可以滤除这些干扰，却很难保护个人空间，太多不同的“当下”被强行塞入我们自己的“当下”，导致我们困惑不已。

庞大的数字化“当下”已成为“存在”历史上最重大的变化之一，我们应该如何应对？应该抓住哪些“当下”？或者被哪些当下“抓住”？有一点可以肯定，正念是我们手中最有效的应对手段之一。它能让我们在数字风暴中保持冷静，沉浸在特定的当下之中——无论是来自好友的信息还是关于日本地震的视频报道——这种注意力不仅可以躲避信息轰炸，还能触动甚至改变我们。此外，正念也能促使我们远离电子屏幕，投身到更为真实的当下之中，真实听到虫鸣鸟叫，而不是 140 字的书面描写。诗人菲利普 · 拉金（Philip Larkin）曾写道：“除了日子，我们还能在哪儿生活呢？”正念帮助我们活在自己的“日子”里，躲避数字化当下的不断侵扰。

这也让我们看到把“活在当下”融入日常生活的可能，而不只是偶尔用于强化自我存在感的手段。把握机遇等其他“活在当下”的形式可能不会经常出现，因为工作、爱情、旅行和其他领域中真正的机遇并不常见。但正念则不同，不管何时何地，我们总是能够集中更多的注意力，充分把握当下。熟练掌握这种方法之后，你的注意力就可以保持 20 秒以上，成功超过最娴熟的冲浪者。

然而，这并不意味着正念是主宰我们进入当下的方法，此外还有“亢奋”“心流”“惊叹”和“集体狂欢”这些同样极富价值的途径和手段。也正因如此，“活在当下”将得到极大的丰富和发展。如果我们只停留在一种方法上，那么“活在当下”的效果也会相应遭到削弱。我们需要从不同的角度实现贺拉斯的理念，充实而主动地生活，同时也要避免因道德丧失而悔恨终生。在个人前行的道路上，肯定不只需要一盏“指路灯”，所以，在探讨机遇、享乐主义和存在之后，我们需要把目光投向“另一盏灯”——即兴。

重新活在当下

CARPE DIEM REGAINED

The Vanishing Art of Seizing the Day

第七章

重拾即兴的自我

通常来说，我不是个特别即兴的人。我喜欢有条不紊的生活，热衷于计划，心里藏了不少顾虑。不过，我偶尔也会打破枷锁。对于我来说，在公园里和女儿一起从草坡上滚下来，就是即兴；在监狱里创立工作室后，发现狱友私下里交谈的内容根本不是我即将展开的话题，于是我临时决定（尽管有些胆怯）放弃原定计划，并从他们关注的焦点出发，拟定新的话题，这就是即兴；吃晚饭时，一位朋友听到外面传来放烟花的响声，于是大家立即放下吃了一半的大黄奶酥，起身爬上屋顶一同观看，这就是即兴；电影《希腊人佐巴》（*Zorba the Greek*）的结尾，行为拘谨的书呆子贝斯转向热爱生活的佐巴，一反常态道：“我想学跳舞。”于是他们在沙滩上跳起了瑟塔基舞（Sirtaki，希腊传统舞蹈），这就是即兴。

这些即兴的事例有哪些共同点呢？首先，正如贺拉斯在《颂诗十一篇》中所说：“切莫留给未来”，即兴需要立即行动，毫无拖延，并且是一种自由的、不受限的行为，这恰好彰显出“即兴”的拉丁语词源 sponte 的含义：自愿的、自由的、主动的。其次，即兴还经常需要放弃已有计划，打破社会规范和习俗，从而做出不同寻常的举动。你上次从草坡上滚下来是什么时候？

有些人看起来天生具备即兴的特质，拥有一种“活在当下”式的活泼性格。他们总是可以随机应变，对生活不计划、不设限。还有些人则更趋向于哲学家伊曼努尔·康德（Immanuel Kant），他每天下午五点准时出门散步，并且路线常年不变，人送绰号“柯尼斯堡时钟”。而剩下的大多数人则徘徊在两者之间。

然而，正如我在前几章中所说的那样，从历史角度看，即兴长期处于“萎靡”状态。几个世纪以来，西方社会越发“规范化”。例如，在工业革命的影响下，我们的时间受到了严格的管控。如今的时代，我们会在日记中预先安排随后几周的生活，热衷于寻找更加高效的时间管理法，以便在应对海量电子邮件和过载信息的同时，还能按时完成工作，并留出时间送孩子上游泳课。长久以来，即兴始终遭受着毁灭性的文化攻击：“放胆做”蜕变成“放胆想”。

有一个事例放在这里最恰当不过：全球有超过 10 万名律师在使用同一款电子时间管理系统，该系统每 6 分钟记录一次用户数据，以此督促他们提高工作效率，充实度过每一秒钟。软件的名字？Carpe Diem！真的一点儿没骗你。[1]

即兴是西方社会“活在当下”的核心途径之一，其他还有“存在”“享乐主义”“机遇”等。[2] 为捍卫和重振“活在当下”的精神，本章将探讨如何应对“即兴”所处的衰败境地。其中一种方法是数字世界中的冲动行为，如线上购物和收发即时消息。但这只是表面上的“补救”，并且这种科技刺激下的冲动与即兴有着本质区别。为了重拾“即兴自我”，我们可以从波斯传统音乐和戏剧中的即兴表演、感官之旅和巴西足球战术中寻找灵感。我们会发现，即兴不仅仅是突然爆发的行为，还（出乎意料地）是一种可以练习和培养的技巧。

在这场探索之旅中，我们应该时刻铭记 19 世纪诗人、散文家拉尔夫·沃尔多·爱默生（Ralph Waldo Emerson）的忠告，爱默生是“活在当下”理念的忠实信徒，他说过：“你要从心底认识到，每天都是一年中最值得珍惜的日子。因为只有知道每天都是世界末日，你才会真正有所收获。”[3] 他还把即兴视作充实生活的有效手段，“即兴，”他写道，是“智慧的源泉，美德的根基，生活的本质”。[4] 虽然有些武断，略带一点“一意孤行”的浪漫，却值得我们追求。

1.“限时生活”的崛起

近期，报纸刊登了一篇题目为《英国人如何学会限时生活》(*How Britons Learned the Art of Last-Minute Living*）的文章，文中说“移动科技打乱了人们的生活节奏”，因为它让我们的购物行为变得更加“即兴”了。在智能手机和满是“限时优惠”的旅游网站的“帮助”下，人们不再去旅行社提前制订出行计划，超过一半的英国人开始崇尚短期游，从决定到出游，间隔时间不到一周，约 44% 的民众表示决定出行是一时冲动之举。“如今，‘即兴’变得易如反掌，”英国著名旅游公司的 CEO 马修·克鲁梅克说，“迅猛发展的科技给我们带来丰富多彩的消费选择，充分满足人们的不同需求。”[5]

这种“即兴”大爆发演变成了“一键式”网上购物的快消文化。突然想学瑜伽？拿出手机就能购买瑜伽垫和瑜伽服。晚饭后想去看场电影？连上网络就可以在 Netflix 或亚马逊网站上欣赏最新影片。尽管临时决定出游或购买隔日送达的瑜伽服会让我们兴奋不已，但要警惕的是，我们很可能把“冲动消费”错当成了“即兴生活”。“限时抢购”的受益人不只是消费者，还有背后的商家。他们非常善于利用我们冲动的本性，兜售一种狭隘的“即兴”，以满足他们的商业利益。作为数字化时代的重要副产物，即时经济的出现让各种商品和服务在短时间内就可以实现销售——无论是廉价机票还是促销款电视。冲动购买此类商品给我们带来一种即兴、洒脱之感，仿佛做出了正确的选择，抓住了生活的美好。我们点击“立即购买”只为即刻收获令人陶醉的多巴胺——大脑分泌的一种让人愉悦的化学物质。但是，我们真的想把“即兴”换成装得满满的购物车吗？

绑架“即兴”的不只是冲动消费，还有看似“无害”的即时消息。例如，你正邀请一位好友在周五晚上陪你去看乐队演出，你建议晚上 9 点见面。但你的朋友没有给出确切答复，只是说“要是能去的话，到时再联系你”。Y 时代的年轻人（20 世纪 80 年代到 90 年代出生的群体）在社交方面不喜欢进行明确的安排，常常在最后一刻才做出“即兴”的决定。他们可能会来，也可能不会（尤其是有了更好的去处）。即时消息营造了一种“不承诺”的风气，并且伪装成“即兴”肆意传播。

这种现象的背后隐藏着什么？借用一种社交媒体的标签回答，是 FOMO——错失恐惧症。行为心理学家将其定义为“一种普遍存在的恐慌，害怕自己因不在现场而错过美好的事物”[6]。文化评论家史蒂文·普尔（Steve Poole）完美诠释了错失恐惧症的心理过程：

> 如果我们在一个社交活动现场度过整晚，可能就会错过附近另一场更高端的活动。智能手机这种“调解”工具的出现，让我们觉得“追求美好事物”没什么不对……但如果一味地躲避错失恐惧症——总是望向谈话对象的身后，以防错过其他精彩——就会导致当事人失去对所有事物的兴趣。[7]

多项调查问卷显示，56% 的社交媒体用户患有这种新型的“社交障碍”，其中年轻人居多，男性尤甚。[8] 可以说，这种情况不足为奇，因为每个人的“手机好友”都在不停地发照片，分享他们刚看的电影或正在进行中的热闹聚会。简·奥斯汀笔下的女主角可能因为失去潜在的追求者而担心错过舞会，如今看来，这种担心完全不值一提，因为现在的人们只要打开社交媒体，就会发现自己错过了不计其数的社交活动，看着自己失去的机会消失在屏幕底部，如同无情的瀑布冲走了一切未能实现的可能性一样。突然间，人们会觉得需要抓住的“当下”实在太多了，根本力不从心。

然而，导致错失恐惧症蔓延的诱因不只是数字信息的泛滥，还有一种崇尚“与他人联结”的文化，而社交媒体是培育这种文化的温床。[9] 试图和所有人建立联系只会导致线上线下的人际关系“浮于表面”。我们“赶场”般出现在不同的社交活动中，总以为下一场最值得参加，一心想着如何“献媚”更多人，最终的结果往往是两手空空、疲惫不堪。古希腊崇尚的友情建立在忠诚之上，可以为彼此做出自我牺牲。[10] 如今，我们与这种情感渐行渐远，为了追求“超级关系网”，所谓的即兴行为实际上已经“变质”成了“不守信”的保护伞，致使人与人之间的友情经不起任何考验。小说家 E. M. 福斯特曾写道：“只管联系”，如今，我们的要求提高了：“只要承诺。”

难道“即兴”只限于冲动消费和临时承诺？如果爱默生还活着，肯定会把标准抬高。因此，我们应该如何找回“即兴”的真正意义，以便满足更深刻的实际需求？要想彻底转变对即兴的认知，首先应该了解，即兴是可以通过不断练习而获得的“技能”。

2. 想即兴？多练习！

1942 年，精神分析学家艾里希 · 弗洛姆（Erich Fromm）在《逃避自由》（*The Fear of Freedom*）中写道：“自由，蕴藏在健全人格散发出的即兴行为中。”他强调，只有我们对周围的人、事、物及自己的思想持即兴的态度，才能真正体会到隐藏在幸福生活中的自由。这也是我们真正掌握自由意志，挣脱社会习俗、战胜内心恐惧和枷锁的唯一途径。所以说，即兴是自我实现的关键。在弗洛姆看来，真正有创意的人是现代社会中最能彰显这种特质的群体：“能够即兴表达自我的人就是艺术家。”[11]

那么，在释放“即兴自我”方面，我们能从艺术家和其他创作型人才身上借鉴到什么呢？首先可以从天才艺术家那里汲取灵感，比如杰克逊 · 波洛克（Jackson Pollock）独创一种滴溅、喷涂的作画方式，即兴表达艺术思想。在他的启发之下，我们应该学着在生活这块“画布”上打破常规、自我表达。

然而，其中存在一个问题。如果深入了解绝大多数艺术家（包括杰克逊·波洛克）的生平和作品，你会发现：他们展现出的即兴表达通常是长年累月不懈练习的结果，创新和自由是传统的方法经过无数次实践衍生出来的。例如，有一张著名的照片是毕加索画的半人马，是 20 世纪艺术世界对“即兴”的一次最完美诠释。

图中有一位赤裸上身的艺术家正半蹲着，面前是用白色线条一笔完成的涂鸦画，形似悬浮在空中的半人马。这张照片由《生活》（*Life*）杂志的琼恩·米利（Gjon Mili）拍摄于 1949 年，当时的毕加索有 60 多岁，居住在法国南部。在米利的劝说下，毕加索完成了一项 15 分钟长的实验——拿着一只内嵌光源的笔在空中“作画”。米利在一间暗室中用两个镜头捕捉整个过程，让快门一直保持开启，以便充分捕捉移动的光源在空间中留下的痕迹。用光作画让毕加索兴奋不已，他前后一共做了 5 组，画出半人马、公牛和希腊人物像等 30 多幅作品。每一幅画都是即兴创作，在他停笔之后就消失不见了，可谓是“瞬间”艺术的极致。毕加索本人必须等到照片冲洗出来之后，才能看到自己的作品（著名的“光涂鸦”）。

现在，让我们调整一下思绪，来欣赏一幅较为传统的艺术作品——《老渔夫》（*The Old Fisherman*）。如艺术评论家约翰·伯格所说，这幅画作展示出了惊人的绘画技艺。[12] 油亮的皮肤和粗糙的衬衫都极具质感，奔放的笔触将光影完美融合，将人物的瞬间状态完美定格于画框之中，仿佛相机拍摄的照片一样。渔夫低头凝视，仿佛若有所思。这幅作品很容易让人想起诸多名作，如维拉斯奎兹（Velázquez）的《塞维利亚卖水者》（*The Waterseller of Seville*）。

那么是谁画的渔夫呢？是 14 岁的毕加索。

如果你漫步在毕加索后期作品（鸽子、腊肠犬和花朵等素描作品，孩子般的画风）的画展中，定会听到有人这样说："我 5 岁的女儿都能画成这样！"那么她能画出那位渔夫吗？毕加索需要经过数年的学习和锤炼，才能拥有那种即兴和自由的笔触，寥寥几笔就能"画活"鸽子、半人马或熟睡中的女人，这些是观众看不到的。在巴塞罗那和马德里求学期间，毕加索曾学习过古典学院派的绘画技巧，并参与制作希腊和罗马人物雕塑，这段经历为他后来的人体绘画实验奠定了坚实基础。虽然与学校正规的教学相冲突，但他还是先后多次前往普拉多博物馆，在那里研习维拉斯奎兹、戈雅（Goya）和埃尔·格列柯（El Greco）的画作，这对毕加索的早期风格产生了巨大影响。他在传统和约束中学习和成长，只为有一天能够挣脱这些"枷锁"。研究毕加索的学者娜塔莎·斯托勒这样评价他早期接受的学术教育：

> 掌握学校课程及其宣扬的理念之后，他摇身变成了一位激进派艺术家——拒绝院校对他的定义和束缚，颠覆传统学术理念。但其他所学却让他受用终身：精湛的技术、丰富的材料知识、对草图的重视以及对视角和几何学的迷恋。[13]

毫无疑问，毕加索拥有惊人的学习能力。他的父亲是一位艺术家兼美术老师，在毕加索 7 岁时，他的父亲就开始给他上课。9 岁时，毕加索就能独立画出斗牛场上的骑马者。据传，在毕加索 14 岁时，他的父亲意识到自己在艺术造诣方面永远比不上天才儿子，于是断然放弃了绘画。[14] 做出以上陈述是为了说明：毕加索并非生来就是充满即兴创造力的反传统艺术家。他一步一步成长为“毕加索”，过程中需要接受教育，不断练习和实践。他需要先画出那位渔夫，才能于 44 年后画出半人马。

那么，艺术中的“即兴”可以理解为实践的一种新兴属性。我们可以像学习任何手艺或技术一样学习“即兴”。与视觉艺术领域相比，这一点在音乐界体现得更淋漓尽致。涉及“即兴”的音乐形式主要是即兴演奏——在演奏期间进行音乐创作。从西方古典音乐和爵士乐，到中东和印度古典乐，所有音乐文化都或多或少存在“即兴演奏”的音乐形式。“即兴演奏”不仅是一种可以学习的技巧，还存在一定的习惯或隐性规则。换言之，即兴演奏的自由属性存在于一个明确的框架之中。

以西方音乐为例，第一本教授如何即兴演奏的音乐指南出现在 16 世纪，书中列举了多种即兴人声对位法。韦森特 · 卢西塔诺（Vicente Lusitano）于 1553 年出版了《快速入门》，书中介绍如何在教会素歌（译者注：跟随单一旋律吟唱诵经）的基础上即兴添加华彩部分。唱法并非随意选择，而是必须与已有或固定旋律相匹配。[15] 如今，风琴师在深造时所学的即兴演奏技巧，其实源于巴赫等 18 世纪音乐大师的日常练习。“即兴演奏一点也不简单，”巴黎圣叙尔比斯教堂风琴演奏家丹尼尔 · 罗斯（Daniel Roth）曾这样说道，“你需要学习整个音乐史，吸收各个历史阶段的风格特点，并且全面掌握和声与音乐理论，才算具备了开始练习的基本条件，即便是大师也很难驾驭即兴演奏。”[16]

印度南部的卡纳塔克邦音乐非常重视即兴演奏，年轻音乐家通过一系列正规训练来学习即兴演奏的规则，帮助他们在拉格韵律的框架下平衡节奏与旋律。其中一项重要的规则就是回到起点。在伊朗也存在相似的情况，练习即兴演奏之前，需要记住 250 ~ 300 种旋律（俗称“拉笛夫”，用类似于吉他的波斯传统乐器演奏），并且经过长年累月的刻苦练习之后，才能成为真正的拉笛夫大师，随心所欲地演奏弹唱。

那么爵士乐呢？大部分爵士乐（非常著名的乐队除外）都把即兴演奏视为核心技术。不过，你在爵士乐现场听到的所有即兴演奏都暗暗遵循着一定的规则，其基础是一系列流行歌曲（称之为“标准”），其中蕴藏的旋律素材与和弦变化，为即兴演奏提供了坚实的基础。我的搭档——一位技艺高超的爵士歌手和萨克斯管吹奏家——曾带我（一位技艺极不高超的音乐从业者）认识了爵士即兴演奏的秘密。开始时，乐队先一起演奏“引子”或一段旋律，然后每个乐手进行独奏，根据和弦变化进行即兴演奏。其间有时会进行“交换四小节”，即每位独奏者轮流演奏四小节，彼此之间起承转合。许多爵士音乐家都发展出一套自己喜爱的片段或“乐句”——插入即兴演奏中的旋律片段。萨克斯管吹奏家查理·帕克（Charlie Parker）可以信手拈来至少 100 种乐句，在独奏中进行艺术再加工。能变成音乐家之间沟通的语言才是最棒的即兴演奏，比如在 1960 年的歌曲《什么是爱》（改编自歌曲 *What Is This Thing Called Love*）中，查尔斯·明格斯（Charles

Mingus）的低音提琴与艾瑞克·杜菲（Eric Dolphy）的低音单簧管之间的“你来我往”，就是即兴典范。

很显然，在艺术和音乐领域中，即兴源于不断的练习与实践，这一点可能出乎大多数人的意料。我们可以把它看作是“有准备的即兴”[17]。然而，把这种即兴应用到日常生活中却是一件不容易的事。

“生活特别像爵士乐，”乔治·格什温（George Gershwin）说，“即兴的部分才最精彩。”这句话好像是在建议我们要在生活中更自由、更冲动，把握更多的机会。但是请等一下，生活的大部分内容根本不像爵士乐。伟大的爵士乐手之所以能够轻松把握演奏机会，是多年刻苦练习的结果。而在实际生活中，我们并没有太多的练习机会，尤其在重大抉择面前（比如工作事业、结婚生子等），我们没有丰富的经验基础来做出“即兴选择”。在这种情况下，格什温的类比虽然很好听，却不适用。

然而，生活中的选择并非都是那些可以影响终身的抉择，更多的还是琐碎的日常：星期二晚饭吃什么；陶瓷课上应该使用哪些釉面；应该对寻求建议的朋友说些什么。这些日常生活才是爵士乐“有准备的即兴”的用武之地。我们中间有很多人曾投入数百小时（甚至上千小时）学习烹饪课程，发展个人爱好或谈话技巧，进行长年累月的练习。这类活动通常构成了我们在实际操作时参考的框架（参与原则）。和朋友交谈时，我们不会“信口开河”，而是遵守约定俗成的礼仪，比如有人讲述情感故事的时候，千万不能插嘴。在这种隐性要求下，我们就拥有了充分的自由空间做出即兴回应。这一点也常出现在体育运动方面。如我在打网球时，会凭直觉截球反击，出奇制胜。

这种自由、即兴的反应是在游戏规则的框架之中衍生出来的，并且是30年的经验积累给了我足够的自信和技巧，才能偶尔做出惊人之举。

我们观看毕加索光线作画或聆听查理·帕克时，真正需要思考的问题是：在我的生活中，有哪些手艺或技巧需要进一步锤炼，才能达到可以即兴的程度？正如科学家证实不存在自然发生论，我们也不应该给日常生活中的“即兴”披上神话般的外衣，认为它无处可寻，是一种完全不受控的本能行为。因此，如果你想拥有“活在当下”式的即兴，请记住：勤加练习。

3. 一切皆馈赠

我们或许可以把一项技能锤炼到炉火纯青的地步，最终冲破束缚，拥有如毕加索般的即兴力量。但这存在一种危险：如果这些练习——著名的1万小时定律——把我们变成了被技术和规则束缚的“机器人”，该怎么办？我们将会发现自己永远只会照搬绘画课中教授的方法，机械地遵循食谱中的烹饪技术或营销课上制订的战略计划。我们要如何确保自己始终拥有“活在当下”式的即兴之火，燃起创意生活？

几百年来，创造力一直被认为是上帝的恩赐。16世纪时，乔尔乔·瓦萨里曾这样评价“神圣的米开朗琪罗”：他在所有重要艺术领域中都拥有“上帝赐予的完美优势，自太阳开始照射这个地球开始，无论远古还是现今，他可谓举世无双”[18]。然而，从20世纪60

年代开始，上帝渐渐失去了对创造基因的“垄断控制”，因为市面上开始出现创意技巧方面的书籍，比如爱德华·德·博诺（Edward de Bono）经典之作《水平思考》（*Lateral Thinking*）。如今，培养创意的书籍层出不穷，这些著作拥有一个共同的前提：认为创造力既是一种恩赐（或遗传因素），也是一种可以习得的技能。[19]

对此，我表示赞同。不过，在我看来，如果想要培养创造力和即兴，灵感的最佳来源不是上帝或创意教科书，而是剧院，尤其是演员的即兴表演，更确切地说，是一个令人颇感兴奋的理念：接受馈赠。如果真的存在可以获得即兴生活的“秘方”，那么很可能就是这种理念。

我最初是在一堂即兴表演课上发现了“馈赠”理念。课程讲师是我的一位朋友——作家、活动家、创意导师约翰-保罗·弗林托夫（John-Paul Flintoff）。一共15名学员，全都不是专业演员，参与课程的目的无外乎战胜胆怯，让自己变得更加即兴，或单纯为了好玩。课程既有趣又充满挑战，首先安排的是一场非常热闹的练习：两人一组，其中一位会说外语——A开始说B听不懂的语言，B需要立即重复A说的话。我的队友说的是汉语，语速缓慢，我努力模仿从未接触过的元音和语调，发音十分笨拙。几分钟后，我适应了，发现自己模仿的是一首中国古诗（当然，我一个字也不明白）。接着是第二项练习，我们再次分成小组，挑战是和队友交谈时不能使用字母“S”。刚开始的时候，我们的思维好像被冻结了一样，根本无法说话。但我们最终还是完成了对话，只是用了一些比较奇怪的句式而已（“你的男性孩子今年多大了？”或“你的家是否在女性王子戴安娜曾住过的公园附近？”)，仿佛打开了从未开发过的语言学领域。

这些练习只是热身，帮我们摆脱胆怯和自我意识。接下来才是重点，约翰 - 保罗通过一个看似简单的游戏“礼物”，来推出“馈赠”的理念。我们再次两人一组，A 伸出双手送给 B 一份想象中的礼物，B 需要接受馈赠，猜测礼物的内容，并做出相应的反应。我们掌握要领之后，玩得非常开心：A 双手呈上礼物，B 欣然接受，然后穿上，假装礼物是一件小丑服。随后 B 紧捧双手回赠一份礼物给 A，A 打开之后上紧发条，然后跟着礼物在地上走了一圈——原来礼物是一只机械老鼠。“礼物”游戏之所以成功，不仅在于接受礼物时的那份激动，还有礼物内容的无尽可能性。

按照约翰 - 保罗的解释，这个练习最初源自戏剧即兴创作大师基思 · 约翰斯通（Keith Johnstone），20 世纪 50 年代，他在伦敦皇家宫廷剧院任教时曾用过这种方法。那么“礼物”游戏到底是怎么一回事呢？约翰斯通认为，演员所做的一切都可以叫作“馈赠”，可以用来接受或拒绝。如果两位演员相互交替赠予和接受，那么就自然产生了故事情节。“礼物”游戏意在鼓励我们接受和消化“馈赠”。约翰斯通在其著作《即兴的智慧》（*Impro*）中曾举了课堂中一个失败的即兴事例：

A：我的腿出了问题。

B：恐怕需要截肢。

A：不行的，医生。

B：为什么？

A：因为我浑身都是。

B：（心不在焉）让我看看。

A：医生，我胳膊上也长了这个东西。

A用“不行的，医生”拒绝了B，导致接下来的情节无法再自由、即兴地发展。随后，约翰斯通让刚才的两位演员重新表演，但这次不得拒绝，只能接受：

A：啊！

B：你怎么了？

A：医生，我的腿。

B：情况很糟糕，必须截肢。

A：是你上次截肢的那条腿，医生。

B：你是说那条木头做的腿有疼痛感？

A：是的，医生。

B：你知道这意味着什么吗？

A：难道不是蛀虫？

B：对，必须赶快摘除，否则将危及全身。

（A的椅子倒塌）

B：我的天，已经蔓延到家具上了！[20]

这次情节发展成功的原因，是两位演员掌握了接受的技巧。整个故事呈现出动态发展，充满即兴和幽默。他们能找到对方的闪光点，并做出反馈。

在约翰斯通看来，学习接受馈赠不仅仅适用于表演。“在生活中，大部分人都非常善于压抑自己的行为，”他写道，“有些人喜欢说‘好’，有些人喜欢说‘不’。说‘好’的收获惊喜，说‘不’的抓牢安全感。但说‘不’的大大多于说‘好’的人。”[21] 我们中有太多人穷尽一生都在拒绝生活中的“馈赠”。约翰斯通的理论教会我们找到生活中自己倾向于拒绝的部分，然后改变观念，勇于接受。

我们如何在实践中练习呢？罗伯特·波因顿（Robert Poynton）给出了切实可行的答案，他是一位思想家，帮助各大企业培养创新力和沟通机制，对约翰斯通的即兴理论进行长达 15 年的研究。

波因顿的主要观点是：一切都是馈赠。

这项基本原则包含 3 个要素：“多注意”“随它去”和“万物皆有益”。[22]“多注意”是提高我们的意识，避免因循守旧错过潜在的馈赠。比如你倾听别人说话时，应该注意对方的语调或停顿所传达的“画外音”。房间的墙壁是白色，还是（如果走近观察）灰色或浅蓝色？你能听到办公室里复印机嗡嗡作响下蕴藏的韵律吗（甚至跟着哼唱）？这种专注可以给我们带来创造力，我们需要调动自己的感官，多注意周围的环境。如波因顿所说：“你应该尝试热爱余光里的世界。”[23]

第二个要素是“随它去”，意指不要揣测、躲避或恐惧别人对自己的看法，否则会让我们自己变成“玻璃心”。我第一次在即兴表演课上做活动时，强烈的自觉意识让我非常拘谨。当我返回座位后，却发现没人对我的表演做出评价，他们根本不关心我的发音是否“正宗”。所以，不要再以为别人的目光是在关注我们，其实他们根本没在意。

第三个要素——我个人觉得自由度最高——是万物皆有益。我们应该意识到，自己遇到的一切事物都可以是点燃即兴生活和想法的“星星之火”。我们身处的生活环境中充满了丰富的“馈赠”。例如，我前段时间在悉尼港附近散步，构思本书的框架。接着我想起了“万物皆有益”。于是我环顾四周，进入眼帘的是悉尼大桥上方的巨大拱形，这一场景让我想到是否有一条清晰的主线贯穿整本书。接着我又望向悉尼大剧院，生出另一个角度：可以把每一章内容视作小船的风帆，尽管每张风帆大小不一、形状各异，但撑起后，还是能够与船只融为一体，乘风破浪。此时我意识到，应该把这本书打造成“悉尼大剧院”，而不是“悉尼大桥”。

一旦习惯“万物皆有益”的思维方式，负面的事物也会呈现出“有益”的一面，变成新的行为可能。也许是不得不缩减的预算，抑或是一场瓢泼大雨，虽然耽搁了去公园游玩的出行计划，却可以在家玩手工制作。导演罗伯特·罗德里格兹（Robert Rodriguez）在拍摄《杀手悲歌》（*El Mariachi*）期间，找不到合适的照明设备，但他巧妙地把困境变成了“优势”，让整部电影呈现出特有的情绪质感。格劳乔·马克斯（Groucho Marx）以善用一切而著称，在他主持的智力竞赛中曾遇到一位选手“一动不动”，于是他开始为那个人把脉，然后说道：“要么是这位先生去世了，要么就是我的手表停了。”[24]

集合“多注意”“随它去”和“万物皆有益”，就会形成“一切皆馈赠”的世界观，进而树立即兴的生活态度。对于我来说，在监狱工作室里放弃原定计划就是最好的呈现。我注意到狱友在私下里交谈的内容不是我的既定题目，于是决定放开对讨论话题的控制，本着“万物皆有益”的原则，我开始借用狱友的想法和热情，开展即兴讨论。最难的部分是我意识到他们的论述点并不在我的预期范围内（比如信任的心理），而这正是“馈赠”。我应该拒绝还是接受？我选择了后者，结果成就了一次最有趣、收获最大也最引人深思的讨论。后来，一位狱友和我说：“这是最近3年来我参加过的最发人深省的讨论会。”尽管期间混乱的场面时有发生，却收获了更大的自由。

在某个层面上看，这种即兴生活方式或许有些天真，因为并非所有事物都是馈赠。比如流产就不是馈赠，而是悲剧；被炒鱿鱼也不是馈赠，某些特殊情况除外。对一切可能都说“好”，是不理智甚至不计后果的鲁莽行为。我在本书的最后截稿阶段，曾对一切说“不”——把自己关在屋子里，很少外出。不过，我们没必要把“馈赠”的理念简化成一种“泛滥”的积极态度，认为每一件事都是必须珍惜的宝贵机会。我们不必疯狂地抓住所有“馈赠”，应该做的是深入观察生活，是否存在自己经常拒绝各种“馈赠”的领域？比如工作中、家庭里或是朋友之间？这类行为是否随着年龄的增长而越发严重？发现此类问题后，我们或许可以选择拥抱更多“馈赠”。

即兴表演如同莎士比亚的作品一样，教会我们把世界看作一个舞台，我们不仅演绎着各自的生活，还要冲破角色的枷锁。我们真的愿意一直重复早已烂熟于心的台词和故事吗？还是应该抛开生活的“剧本”？

4. 计划是没有计划

虽然敞开心扉拥抱馈赠听起来很棒，但实际生活中，我们还是会被各种日程安排、截止日期和日常琐碎所捆绑。面对没完没了的待办事务，我们如何才能活在当下？或许，最直接的方法是：搬去西班牙，如果能去巴西，那就更好了。

我住在马德里期间，每天的生活比当时住在伦敦北部要热闹得多。我的西班牙室友会在半夜突然出门去弗拉门戈酒吧，还会在周五下午临时提议周末去爬山。日常对话也十分随性：吃饭时，总会激烈讨论阿尔莫多瓦尔的电影、斗牛运动的伦理问题或打扫寝室的人选。我的生活从未被安排得如此满，连睡觉时间都大大缩减了。我仿佛进入了海明威的小说《太阳照常升起》之中的场景：所有人都不停地酗酒、聚会、搞外遇，只为让自己的生活“天天向上”。[25]

巴西在即兴生活方面比西班牙更为人熟知。[26] 无论你走到哪里，都会看到载歌载舞的场面，切身体会到热闹的街头生活与狂欢的习俗。从人与人之间热情洋溢的交谈，到城市贫民窟中随处可见的即兴智慧（利用有限的资源建造实用型房屋），全国上下一片勃勃生机。即兴的特质着重体现在人们对社交安排的态度上，他们会在最后一刻更改行程，并且以迟到为手段“反抗”被安排的生活（这一点让守时的外国人痛苦不堪）。“嘿，坐下来喝一杯。”我在里约的时候，有人向我发出邀请，我回答说自己要赶去参加一个讲座。“迟到一会儿，不碍事的。”他劝说道，“放轻松，完全没问题！”在巴西，时间给人不一样的感觉，比其他地方更慢、更绵软。一项针对 31 个国家的调查显示，巴西在公众时钟准确度方面排名第 26 位（瑞士第一，萨尔瓦多排名垫底）[27]，这个结果与他们日常生活中不遵守时间安排和期限有直接关系。

对于生活在约束多、压力大的社会中的人们来说，这种即兴是他们梦寐以求的自由和释放。不过，并非所有巴西人都是“活在当下”式的“大师”：居住在巴西南部的民众就没那么轻松，与北部同胞相比，他们更守时。[28] 我在圣保罗遇到的年轻银行家皆行色匆匆、表情凝重，和纽约或伦敦的同行们没什么两样。不过，我们仍有必要在巴西文化中追根溯源，找到相应的经验教训，进而摆脱过分规划的生活。

对整个文化环境进行分析，显然有些力不从心，所以我打算从一个特定领域切入。该领域让巴西以即兴闻名于世，并成为无数社会学家和人类学家的研究焦点。没错，我说的就是足球！

长久以来，巴西足球以即兴、华丽和天赋著称。早在 1945 年，巴西社会学家吉尔贝托·弗雷雷（Gilberto Freyre）就曾指出，有别于欧洲足球，巴西足球充满了“惊喜、战术、智慧和速度，更闪耀着个人的即兴光芒”[29]。此时，足球不仅是一项运动，更像一门艺术，讲究的是赏心悦目的过人技巧和超乎想象的临门一脚。20 世纪 60 年代到 70 年代间，贝利等天才球员的出现，与德国国家队秉承的严谨形成了鲜明的对比。在 1966 年世界杯决赛的赛场上，英国队固执地弃用了队中最具天赋的前锋吉米·格雷夫斯，换上保险、牢靠的吉奥夫·赫斯特，把原本属于自己的冠军奖杯拱手让出。相比之下，巴西分别在 1958 年、1962 年和 1970 年赢得世界杯冠军的事实，有力证明即兴发挥远远胜于欧洲的造越位和防守战术等技术流。正如乌拉圭学者爱德华多·加莱亚诺（Eduardo Galeano）所写：

> 在1970年的世界杯上，巴西的完美表现值得本国人民的欢呼和支持。全世界都在遭受着防守足球的平庸和无聊，其中一方会进行密集的四三三防守阵势，只留出1～2名前锋独自在对方半场徘徊。不允许出现任何冒险或即兴举动。然而，巴西队则独树一帜：全体球员都参与进攻，前方安插雅伊尔津霍、托斯唐、贝利和里维利诺4名前锋，有时卡洛斯·阿尔贝托会从后防线冲上补位，那么进攻队员就会增加至5位甚至6位。潮水般的进攻阵势最终在决赛时冲破了意大利的防线。[30]

那么，巴西足球的制胜法宝是什么？那种即兴的发挥又从何而来呢？带领巴西国家队参加1970年世界杯的主教练若昂·萨尔达尼亚总结出四项要素：气候、贫穷、多民族共融及全体国民对足球的热情。大多数分析学者都摒弃了前三点，因为有太多国家享有类似的气候，遭受同等程度的贫穷，却并未培养出“活在当下”式的足球天才。而第三项民族组成则颇受争议。当时媒体普遍认为，巴西队夺冠的主要原因是队中黑人球员“非人般的柔韧性”以及“难以置信的灵活脚踝”。这种充满种族歧视的解释显然站不住脚，因为足球学者凯文·福斯特曾说过：“在柔韧性、足球技巧或就此而言的黑人种族方面，巴西都不具备绝对优势，其他球员，无论黑人、白人、南美洲人、欧洲人还是非洲人，都可以或者说已经具备这样的身体素质。”[31]

普遍的观点认为，巴西足球迸发出的即兴力量并非源自前三种要素，或是某位特定教练或球队经理的功劳，而在于足球这项运动在巴西社会中的地位。在20世纪前期，足球已成为巴西的一种流行娱乐项目，主要受众是黑人（非裔巴西人）、混血儿和穷人。在这个国度里，种族主义横行，不平等现象比比皆是，能否顺利就业更多取决于社会关系，而不是个人能力。在这种环境下，足球自然被视作拥有民主和平等的“净土”。绿茵场不仅是展现个人才华的舞台，还是走向世界的跳板——至少强于其他行业。每位球员都竭尽全力散发个人魅力，这才是巴西足球的驱动力。[32]

那么一般来说，巴西足球让我们对即兴艺术有了哪些认识呢?在某种程度上来说，他们的方法是我们学不来的，因为巴西足球的特点根植于特殊历史时期，受巴西当时的经济和社会结构影响，想重现这样的环境谈何容易。在这种情况下，“巴西特色”（尽管最近20年，巴西队也开始崇尚防守，赛场表现平庸）可以说是环境与历史的共同产物，而非人为设计。[33] 巴西文化中其他“即兴”特点如狂欢传统、对音乐和舞蹈的钟爱以及对时间的随性态度等，也是相同的情况。社会科学家认为，这些特质的产生受太多因素的影响：从殖民奴役的毒害到对非洲音乐的吸纳，从天主教和本土文化的影响到持续几千年的土地分配不均所导致的巨大贫富差距。当然，热带气候也是其中一个因素。[34]

不得不说，西方人很难拥有巴西的“即兴”特质，因为社会因素与历史环境是无法凭空再现的。如果你在巴西生活一段时间，定会觉得自己在浸染之下已经习得了这种文化，殊不知，来自高效率、快节奏社会的你，只是在强行照搬。虽然这样说让人倍感沮丧，但其中还留有一丝希望，因为从巴西事例中至少可以看出，即兴是由文化塑造的，不能简单地归咎于基因遗传或种族特质。巴西人的“即兴”不是与生俱来的，就像德国人并非天生迷恋秩序和制度。这是一则利好消息，因为文化具备可塑性。西方社会原本不热衷于未雨绸缪、按部就班，改变的起因来自新教式价值观的兴起以及工业革命对时间的重视。尽管我们目前的态度有着深厚的根源，但从历史角度看，仍存在规避的可能性。诚然，改变文化习惯并非易事，不过我们可以从自身做起，反抗社会传统，培养新习惯，让生活更即兴。我在教授“创意生活”课程方面有着 10 多年的经验，个人认为有两个可行性办法，能激发我们的即兴自我，活出“巴西样式”。这两种办法可以归结为一句话：计划就是没有计划。

要做的第一件事，是拿出日记本或日历，定期安排即兴生活。比如每周日下午 2 点到 6 点间，不安排任何计划。时间一到，你再决定要做什么，比如：和孩子们一起为新入住的邻居烘烤蛋糕，去公园锻炼，到电影院欣赏热映影片等。关键在于跳出日常生活圈，培养心中的“巴西样式”。虽然这种做法过于刻意，却可以有效抵御现实世界中没完没了的大事小情，夺回永远等不到的自由时间。我认为这个方法颇具颠覆性，因为可以通过“计划生活”反对计划本身。

我自己对这个方法进行了升级，买了一个非常小的日记本，留给每天的空间只有半个手指宽，这样一天只能安排一到两项活动或会议。虽然有些荒唐，但每周的工作安排明显减少，我有了更多的时间即兴生活。

第二种方法是来一场实验性旅行。自从卡尔 · 贝德克尔（Karl

Baedeker）在 19 世纪 30 年代出版了旅游指南，很多民众都会遵照标准指南规划自己的假期行程。[35] 抵达一座陌生的城市之后，人们通常会立即翻看《孤独星球》（*Lonely Planet*）旅游指南，或登录猫途鹰网站了解当地的“十大推荐”，然后“按图索骥”般游览各大景点。现如今，一种更具实验性的即兴旅游方式正逐渐兴起，类似于爱德华时期的电影《看得见风景的房间》（*A Room with a View*）中露西推崇的生活方式。露西小姐和她的朋友在佛罗伦萨迷了路，看到同伴准备掏出旅游指南，她当即予以制止，说：“别拿出来，夏洛特小姐，绝对不能看《贝德克尔旅游指南》。两个孤独的女人在陌生的城市，这才叫探险。咱们就随心游荡吧。”后来，她们遇到了一群年轻的小伙子，露西小姐突然停下脚步，闭上眼睛，深吸了一口气。“就是这个味道！真正的佛罗伦萨味道——亲爱的，快闻起来。”她用略显兴奋的语气道，“我跟你说，每座城市都有自己的味道。”[36]

如今的旅行者听取了露西小姐的劝告，在旅途中跟着感觉走。他们会花上一天的时间追随某种味道或声音，并期待最终遇见的美好；抑或随意跳上某辆公交车，前往未知的目的地；也许还会在地图上画出一个红心，然后沿着这条路线走一圈。这样做的目的不单单是打破“依靠指南”的旅游传统，更是培养即兴生活的开端。因为一旦你在旅行中实践了这种理念，就很可能会把它带进自己的日常生活中，进而影响你的通勤路线、开会风格甚至点菜习惯。

实验性旅游是通往即兴生活的基石。其实，我们不必非要去巴西，只需以实验的心态度过每一天，就能点燃我们的即兴之火。

5. 跳起生命之舞

目前，我们手中掌握了三种工具，让即兴不再停留于冲动消费和随性社交（掩盖不负责的本质），通过（不断地）练习相关的技能——如艺术、音乐或体育项目——实现即兴生活。我们可以借助周围一切事物，接受各种馈赠，敞开胸怀，增强意识，把握多彩人生。面对被日程表霸占的生活，我们可以“安排”一些自由时间巧妙应对。

这样一来，我们便解救了已被绑架数千年的“活在当下”精神，贺拉斯也能含笑九泉。不过，对即兴生活的追求应该保持适当的态度。因为冲动有时意味着鲁莽和过激，例如突然爆发怒火或断然与同事绝交。另外，秩序在人类生活中扮演着重要的角色。福楼拜曾说：“只有在生活中按部就班，才能在工作中实现创新。”对生活进行一定程度的规划和安排，有助于我们实事求是、脚踏实地。如果一味采取“即兴”的态度，不仅缺乏理智，还会让自己身心俱疲。所以无论从字面意思还是引申意义来理解，我都不建议在没有事先安排测量员检查地基前，就贸然买下一栋房子。

昨晚，我看了一场现代舞演出。我 7 岁的儿子在其中扮演一只工蜂，他身穿黑黄相间的外套，后背是自己手工制作的翅膀，和其他 20 只工蜂一起绕着舞台“飞来飞去”，忘我地投入其中，此时，他是自由的、即兴的。我沉醉在这美好画面之中，羡慕舞台上的孩子们和参与其中的家长。后来，我在网上看到了孩子的舞蹈老师塞西莉亚·麦克法兰（Cecilia Macfarlane）（“牛津青年舞蹈”的创始人）的一段讲话，她秉承的理念是激发身边所有人的创造力与即兴之火，无论对方是小孩子、监狱犯人或收容所的流浪汉。

> “我最后的一个舞蹈动作是闭眼离世，因为生命每时每刻都是舞蹈，”她对观众说：“如果你觉得必须会劈叉或卷起头发才能跳舞的话，那么我此生的任务就是打破这种刻板的认识。今天，来到这间教室的你们，可能都说过‘我不会跳，也跳不好’之类的话。不过你们刚刚起身取咖啡，又坐回原位，说明你们每一个人都是舞蹈家。如果过程中不闲谈，再放上点音乐，那么整个房间就是一场舞蹈……舞蹈就是我的热情，如果你能找到自己的热情所在，并且能够把握住，那么就不要在意任何规则和束缚，活出你的个性和自我。”[37]

我就曾说过“我不会跳，也跳不好”。对我来说，儿子的表演就是一种馈赠，我应该跟上他的舞步，让即兴的自由也充满我的身体。

CARPE DIEM REGAINED

重新活在当下

The Vanishing Art of Seizing the Day

第八章

我选故我在

作为一种生活哲学，“活在当下”不仅包含把握现在的五种方法，还是通往人类幸福的重要途径。这里的“幸福”指的不是快乐和喜悦等粗浅的状态，而是接近于古希腊人所说的“美好生活（eudaimonia）”——用内心的健康与富足为生命赋予意义或使命。当然，不能说只要“活在当下”就能实现这样的幸福理想。17 世纪的约翰·洛克（John Locke）曾说：“人类都在寻求幸福，但内容不尽相同……就像你无法用财富或荣誉让所有人开心一样，用芝士或龙虾也无法满足所有人的胃口，正所谓你之蜜糖，我之砒霜。”[1] 或者以一种谦虚的说法呈现：“活在当下”是一种实现幸福的途径，与其他追求幸福的方法不分伯仲。但长久以来，“活在当下”一直遭受着文化绑架，比如疯狂消费主义催生出的“放胆买”。

那么，它在幸福哲学殿堂中有着怎样的地位呢？首先，让我们回顾一下历史。在印欧语系的几乎所有语言里，“幸福”一词的含义都与运气、财富或命运相关。中世纪英语和古诺斯语中“幸福”的词根是“happ”，意为机遇、财富或境遇，由此出现了“happenstance（碰巧）”“hapless（倒霉）”“haphazard（偶然）”和“perhaps（或许）”等词语。在德语中，形容“幸福”和“好运”的是同一个词 Glück。

法语的 bonheur（译者注：译为“幸福”）是 bon（美好）和 heur（财富、好运）的组合，而意大利语的 felicità 和西班牙语的 felicidad 均源自拉丁语 felix，意为好运或命运。换言之，幸福是被动发生在我们身上的，不受主观意愿的控制。[2] 这种态度映射出前现代社会的真实场景：你或许生而为奴，也可能病魔缠身或战死沙场，即便活着，也是穷苦度日。在这种情况下，通过自由就业等途径创造自己的幸福显然是天方夜谭。

对于普通民众来说，直到 18 世纪的启蒙运动之后，幸福才变成了一种可以拥有的选择。起推动作用的是几场重大的文化变革，比如生活标准的提高使人们不再为生计发愁，终于有精力开始追求幸福。另外，教会不停宣讲幸福不是今生享受，而是为来世预备。[3] 在过去的 200 多年间，西方文化中盛传 7 种追求幸福的方法。虽然自古以来就渗透在人类行为之中，又经常出现在前启蒙时期思想家的著作里，但直到进入现代社会之后，它们才在幸福哲学的讨论里正式被提及。

在此对这 7 种方法做个概述：

实用主义：18 世纪末一种有关幸福的“科学”理论，其基础是创立者之一杰里米·边沁（Jeremy Bentham）所说的“幸福计算”——将快乐最大化、痛苦最小化。尽管他列举出多种形式的“快乐”，但在实际生活中，实用主义还是被认为热衷于物质和感官享受。

远大的事业：指的是超越自身利益，树立远大的生活目标，即便需要挣扎和付出也在所不惜。这类目标可以是打造更平等的社会，严格遵照宗教诫命生活或研发一种新型医疗手段等。这种方法可以追溯到亚里士多德时期，如今的哲学家彼得·辛格在其著作中也有提及。

人际关系：在19世纪初期“浪漫主义”的推崇下得以盛行，认为幸福感来自浪漫的爱情、和谐的家庭、友谊和社群归属。

默观生活：通常与僧侣式的生活相关，认为幸福是对生命之谜及其精神意义的自省和冥想的产物，可以借助禁欲和简朴的生活方式进行练习。

斯多葛学派：一种在西方思想史上盛行的古希腊罗马哲学，主张节制、自控的生活，时刻保持较低的期望值，以免失望。

人类潜能：这种方法源自文艺复兴时期的人文主义，主张利用自身才智，追随自己的热情，努力培养创造力，发现自身的多种可能，实现“真正的自我”。

情绪状态理论：在过去的半个世纪中尤为流行（虽然那位作家没有因此出名），该理论认为幸福的本质是体验正面的感受，即体验积极向上，而不是抑郁低沉。人们应该以生命积极的一面为基础，努力排解愤怒、嫉妒等负面情绪。[4]

以上只是不完整的简略概述，因为其中未收录通往幸福的第八种途径：活在当下。其核心思想简洁有力：做出选择并付诸行动，来实现生命的意义。重点不是选择什么，而是选择本身。我们通过自由来创造自我，借助选择来珍惜当下。“活在当下”有多种形式，比如抓住转瞬即逝的机遇，专注此时此刻等，这些形式存在一个相同点：都需要做出谨慎的选择。那些最终塑造我们的生活目标——支持某项事业、组建家庭、创业、练习马拉松长跑——皆始于下定决心的那一刻。我想将其概括为一句格言：我选故我在。

那么，现在的问题是，这句格言在日常生活中有怎样的外在表现？它如何帮助我们探寻美好生活？在进入主题之前，我们需要解决“活在当下”面临的两项重大挑战（前面几章内容已稍有涉猎），因为它们让决策陷入两难的境地。第一项挑战是一种哲学观，强调自由的价值，却未能树立足够的道德约束——我们真的可以为所欲为吗？第二项挑战是实践“活在当下”的过程中会遇到巨大的心理障碍，包括拖延、过载、风险和冷漠。我们越深入了解这两种挑战，越能更好地发掘“活在当下”作为一种人生观的作用和价值。

1.“活在当下”是否通过了道德测试

那些有关“如何快乐”的书籍中很少会出现“道德”这个词，他们通常会把棘手的道德问题掩盖起来，转而集中论述“我的”快乐，很少顾忌他人的感受。“活在当下”的其他方式也存在此类问题。在绝大部分“克服恐惧、勇往直前”类的心理书籍中，道德一直是个禁忌话题，它们只教导人们要抓住机遇、勇敢选择。同理，正如我们所看到的那样，现代正念运动盛赞“活在当下”是一种美德，却没有对我们应该专注的内容做出任何实际性限制，因此就会遇到“专注的杀手”（the mindful sniper）这类尴尬的问题。

有些人可能觉得“活在当下”理念不涉及道德问题，因为“我有我的道德，你有你的看法，你无权教育别人应该怎么做”。我对此持有不同的观点。人类是群居动物，必须学会彼此相处。我们不可能进入一种幼稚的个人主义，以为自己的行为只停留在自己的生活空间里，不会对他人造成任何影响。如果我们真的想要找回“活在当下”，就必须探讨这类道德问题。

首先，我们应该意识到，“活在当下”通过倡导“自由”这个最高的价值，让自身获得了强大的道德基础。珍惜当下的中心思想就是行动起来，尤其重视个人的选择和行动力。这种对自由的看法与存在主义产生了强烈的共鸣，在我看来，这是对古老的“活在当下”理想进行的现代哲学表达（前者已有两千年历史，后者只有“百年身”）。[5]“二战”后的几年是存在主义的全盛时期，强调“自由是一切价值的基础”，这一点恰好与其所处的时代相吻合。[6] 它反抗的是纳粹主义的强势集权主义，不仅要夺回个人言论的自由，还要在生活的各方面实现自由。

这种对自由的追求有着悠久的历史。人类素来珍视自由，并甘愿为之赴汤蹈火，从古罗马的奴隶起义到18世纪的法国革命，民众不断争取言论与结社自由、宗教与活动自由以及免于奴役和非法拘捕的自由。接着，19世纪的人们开始为工人自由而抗争，1871年的巴黎公社，以及随后在西班牙内战中建立起来的由工人管理的车间和农场，都是力证。如今，难道我们不再重视选择的自由吗？从这个意义上来说，“活在当下”比其他实现幸福的方法更具道德性，它将选择的自由视为本质和基础，着重体现了那句格言：“我选故我在。”

那么，“活在当下”存在哪些道德问题呢？可以概括为哲学家所说的“道德主观主义”：对与错之间没有明确的界限和标准，似乎没什么能够阻挡我们的“随心所欲”。比如学校里的小霸王威胁新来的同学，并夺走她的午餐，这种行为很容易被描述成“活在当下”；血汗工厂老板为了“把握机遇”实现利润翻番，决定缩减工人的工资，并利用法律漏洞偷税漏税。而马娅·安杰卢和唐·麦库林的个人生活，则让我们看到自己做出的“活在当下”选择可能给家人带来的潜在伤害。我们应该如何判断自己“活在当下”的热情是否过于猛烈？波伏娃意识到，存在主义也有类似的问题。“如果一个人可以自由定义自己认为有益的生活状态，”她写道，“那么他为什么不可以选自己所愿、做自己所想呢？”[7]

无论我们多么努力地将个人自由打造成道德品质，在某些情况下还是会出现失控的局面。这就是“活在当下”的硬伤：缺失内在的机制限制我们的行为。比如，我自己的自由与他人的自由之间有何种联系？如果发生冲突，我的自由是否优越于你的自由？我应该尽到哪些义务来维护你的自由？遇到这类问题时，有三条道德经验可以借鉴，我建议大家将这三条经验铭记于心，以便随时应对棘手问题。

第一条经验可以说是另外两条的前提和基础：坚信“活在当下”理念的人在实现自己的理想时，还要维护他人的利益。也就是说，“活在当下”不只适用于你自己、你的家人、本族或本国人，也是全世界人民都应该拥有的权利。波伏娃也曾写道：“释放自己也是为了让他人自由。”[8] 从哲学角度来看，这句话类似于康德的“定言令式”：“你所采取的行为准则，必须是能够成为普遍规律的行为准则。”[9]

第二条经验：你采取的行为方式不得影响他人追求“活在当下”的自由。那个校园小霸王因为偷了新同学的午餐，剥夺了新同学在操场上无忧无虑享受午餐的自由，这显然侵犯了新同学的选择自由。同理，银行家制造次贷危机，导致数百万民众流离失所，那么这些银行家就剥夺了民众自由生活的权利，因为在丢掉工作、负债累累的情况下，不会拥有太多选择的余地。这种道德原则映射出自由思想的悠久传统，我们可以按照自己的意愿行事，但前提是不侵犯他人的自由。

第三条经验：所采取的行为方式可以帮助他人实现“活在当下”的自由。“活在当下”的倡导者不应止于不妨碍他人，还应该主动帮助别人做出正确的选择。这条有关自由的观点是我无耻地从诺贝尔奖获奖者、发展经济学家阿玛蒂亚·森（Amartya Sen）那里借鉴来的。森教授对人类发展提出过“能力方法”（capabilities approach），强调我们有能力在生活中做出有意义的选择，而这种能力与“活在当下”的思维方式密切相关。[10] 他主张，不应该把发展的目标简单地局限在提高 GDP 或消除收入贫困等纯粹的经济领域中，还应该注重“扩大我们有理由珍视的自由”，并“为个人创造更多实质性的选择机会”。而这一切都是为了提升“个人行动力”。例如，我们应该保障儿童受教育的权利，这样他们才能在未来的人生中做出自由的选择，如抓住就业或创业的机遇等。森教授写道：“只有这样，我们才能维护‘个人自由成为社会责任’的理念。”[11]

这个观点放在“活在当下”的领域中，意味着我们应该努力创建一种社会环境，让人们有能力做出“活在当下”式的选择。这种社会环境需要具备几点基本要素，如良好的医疗和教育条件，不存在物质匮乏或区别对待，人身安全和言论自由得到保障等。[12] 只有具备这些条件之后，我们才能够做出明智的选择，将自身的行动力发挥到极致。这项伟大的事业可以从多个角度加以实现，比如公开倡导全面医疗保障制度和最低生活工资等。这样，我们就成了“活在当下”革命的先驱者。

与所有道德准则一样，实践这三条道德经验并非易事，并且存在相互冲突的可能。比如，我的父母已经做了“活在当下”的决定，在身体还能承受的时候，从澳大利亚坐飞机来到英国，探望他们的孙子孙女。但行程产生的碳排放加速了全球变暖，并可能导致包括他们孙子孙女在内的未来，世代承受更多的生存压力。他们的假期计划违背“活在当下”的道德准则吗？恐怕谁也给不了明确的回答。

那么，“活在当下”通过道德测试了吗？我们能否赋予它一种社会道德？由存在主义、自由思想和发展经济学经过非正统融合之后产生的三条道德经验，或许是一个不错的解决方案。提出这三条经验的目的不是制定明确的行为指南，而是作为一种心理提示，提高我们的自我意识水平，给予我们思考空间，考量个人“活在当下”的行为后果，以及对他人及整个世界可能产生的影响。

这说起来倒是很容易。但是如果我们总是在考虑所做选择的道德性，难道不是违背了“活在当下”的初衷了吗？我不是说每次想要抓住机会时，都要进行痛苦的道德思辨，等我们做出抉择时，可能已经错过了时机。我想表达的是，我们应该培养一种“双重意识”：一方面注意日常生活中出现的选择，另一方面则要预判这些选择所产生的广泛影响。只有这样，我们才能公正地对待自己的自由与他人的自由。

2. 如果“活在当下”这么好，为什么不一直这样

“活在当下”的价值是显而易见的：生命短暂，时光如白驹过隙，我们必须主动争取眼前的一切可能，否则将悔恨终生。不过，如果“活在当下”拥有如此明显的好处，为什么我们不一直这样度日呢？即使我们判定某些行为具有一定意义，并且符合道德规范，为什么我们还是做不到耐克所提倡的“放胆做”呢？

显然，这其中有多种不同的限制。波伏娃对其中一种阻碍非常敏感，即权力结构与社会不公限制了我们的选择。在《第二性》中，她强调女性所处的父权体系——社会对她们的成长和行为方式进行设定，固定其相夫教子的形象，并把女性当作性爱工具——编织出了一张网，限制她们做出自由的选择。女性是一种具有历史渊源的性别，必须不断努力挣脱这张“限制网”。[13] 在当代世界中，也存在诸多类似的因素限制着“活在当下”式的生活，比如贫穷、宗族主义、宗教与年龄歧视等。如果你和我的一位老邻居一样是一名叉车司机，为了照顾家庭和年迈的父母，每天加班两次，结果财务上仍捉襟见肘，那么在泰国开一家海滩咖啡馆这种梦想，就显得太不切实际了。

除了这种难以逾越的社会经济障碍，还有四种心理障碍：拖延、过载、风险和冷漠。这些心理障碍虽然看似可怕，却极易攻破。

拖延（procrastination）是“活在当下”的劲敌。这一点从语源学角度就可以看出：pro 是拉丁文，意为“传送”；crastinus 是“属于明天”的意思。两者合并得出“传送给明天”，或口语化一点“过会儿再做”。这种态度与贺拉斯的颂诗恰恰相反，后者主张“切莫留给未来”。拖延是人类的一个“顽疾”。与贺拉斯差不多同时代的塞涅卡认为“推延是对生命最大的浪费”。[14] 更早期的古希腊诗人赫西俄德（Hesiod）曾警告世人：“切勿把工作推到明天，懒惰的工人永远填不满自己的米仓。”[15] 如今，几乎所有人都或多或少地填不满自己的“米仓”。我们延期提交纳税申报表、大学论文或手工制作，总是抽不出时间报名参加某项课程或拨出某个电话号码。有时，这样会导致严重的后果：一项来自美国的研究显示，由于民众匆忙犯错等而延期提交纳税申报表的行为，造成了每年 4.5 亿美元的多付款项；推迟体检（比如前列腺或乳腺癌检查）则可能造成致命的后果。[16]

当然，拖延有时也是一种明智之举。比如你迟迟做不出买房的决定，是为了等调查员的报告或房价将在未来几个月有所下降。但从严格的心理学角度看，这种行为不属于拖延。因为真正的拖延是没有效用的，它的定义是“尽管可能造成更严重的后果，但仍选择拖延的一种自愿行为”。这是一种广泛传播的现象级问题，长期折磨着 15% ~ 20% 的成年人，其中 95% 的人想要摆脱拖延症。[17]

明知结果很糟，我们为什么还要拖延呢？一项调查范围最广的学术研究（汇总 691 项独立调查）表明：（不出所料）有诸多因素导致拖延的发生。[18] 首先，多项双生子研究显示，22% 的拖延现象由基因导致，所以没什么太有效的解决办法。其余的 78% 呢？我们喜欢拖延一些特定的事务，比如申报税费，因为我们在其中确实体会不到任何乐趣。或者如果最后期限还很远，我们体会不到紧迫感，就会等到最后一刻再行动。但是，还有一些情况与时间关系不大，但涉及重大的人生抉择，此时我们由于缺乏自信或出于对失败的恐惧，也会选择拖延。我们不会随便发出邀约，因为怕被拒绝；也不会轻易提交辞职申请，因为担心自己找不到新工作。

最重要的研究发现拖延呈上升趋势发展，而主要的诱因是我们熟知的数字科技。如今，拖延的最好方法或许就是翻看手机，快速浏览电子邮件，刷新社交媒体。今天早晨，就是这个原因导致我的写作计划被推迟了 43 分钟。如果按照这个数据计算，我已经拖延了 21,500 分钟。

与拖延一起阻碍我们“活在当下”的是选择过载，最明显的表象是消费文化。比如你想买一条牛仔裤，只是在一家店面里，你就不仅需要选择颜色和面料，还要挑直筒、弹力、修身、紧身或喇叭裤型。人类大脑并不适合高效处理如此丰富的选项，会瞬间如“冻结”般无力判断，结果导致你扫兴而出，空手而回。心理学家巴里·施瓦茨（Barry Schwartz）将此现象称为“选择的悖论”（the paradox of choice），即选择太多会导致决策瘫痪。他认为这种问题不仅限于购物，还普遍出现在爱情、友谊、宗教仪式和职业选择等方面。[19] 面对求职网站列出的上千个职位列表，你到底应该如何做出职业规划？如果你最终决定接受培训，成为一名心理治疗师，那么还要选择具体领域——人文主义、心理动力、存在主义、整合疗法或其他。最后，由于不想因为错误的选择而后悔，所以你可能没做出任何决定，时间就这样被浪费了。

施瓦茨提出两种方法应对选择过载。第一，主动限制选项：买牛仔裤不需要浪费整个下午，限定自己在一个小时内逛两家店。第二，降低期待，一切都“够好了”，做一个容易满足的人，而不是完美主义者。[20] 你需要的不是完美的牛仔裤，而是一条可以正常穿着的裤子。这种观点可能适于衣物的选择，如果遇到重大的人生问题时，也适用吗？当然，拥抱不完美是一件很有必要的事。很多初为父母的年轻夫妇担心自己没有尽到家长义务，因未能成为“更好的”父母而深感内疚，但“够好了”的理念让他们放下了沉重的心理包袱。如果你总是在等待完美职位的出现，那么改变可能永远也不会发生。不过我不确定自己在暮年时回首一生——家人、事业和政治观点——会满足于“够好了”。谁愿意在自己的墓碑上留下这样的评价呢？在去世之前，我渴望得到更多，想让自己拥有在人生旅途中竭尽全力的充实感，而这可能需要冒些风险。

我们对第三种障碍——风险——有哪些认知呢？在过去的 30 年间，对“风险”的科学研究已成为一个蓬勃发展的“造星”行业，造就了包括诺贝尔奖得主和股市预言家在内的诸多知名人士。该行业的一项主要研究成果是：人类并非理性生物，大量的“认知偏差”影响着我们对风险的评估和认知。其中一种偏差是“损失规避”，即面对不确定的情况时，相对于收益，我们更倾向于夸大潜在损失。一些实验研究表明，我们对失败痛恨的程度远远超过对成功的渴望，前者是后者的两倍。假设打赌投硬币，反面朝上，你会输掉 100 美元，那么想要让你参与进来，获胜（正面朝上）的奖励至少要达到 200 美元，因为 100 美元甚至 150 美元都不足以打动大部分人。[21]“损失规避”造成的实际影响在于，我们会在决策的过程中产生内在的谨慎态度，偏执于寻求安全感。这可能是我们的祖先遇到一种新的多汁浆果，却发现潜在的毒副作用后，逐渐获得的一种进化产物。但在当今社会却用处不大，因为假如我们决定搬去柏林生活，那么这种心态会将我们的注意力全部放到可能出错的事情上。所以，有必要记住这一点：做出“活在当下”式的决定时，你的大脑可能会“诱导”你转向更为稳妥的选择。

另一种认知偏差是“可用性偏见”，最初由丹尼尔·卡尼曼（Daniel Kahneman）和阿莫斯·特沃斯基（Amos Tversky）提出，认为我们做选择时，会参考在头脑中容易获取的近期记忆和信息。比如你刚在报纸上读了一则飞机失事的新闻，那么你很可能会在一段时间内更加谨慎地对待坐飞机这件事，直至慢慢忘记那则飞机失事的新闻为止。[22]同理，假如你一直想从事自由职业，但发现有几位朋友近期这样做之后都过得不好，那么他们就会对你的抉择产生比实际情况更严重的影响。这并不是说应该无视他们的经验，因为了解他们如何陷入一周工作 80 小时的惨状，可能比职业顾问给的忠告更让你受益。然而，我们还是要问自己：“可用性”一类的因素是如何妨碍我们（有时是诱导我们）做出“活在当下”式的选择的？

我们很容易被卡尼曼等行为心理学家的实验结果所迷惑，而忘记一个重要事实：我们对“风险”的态度不只受限于头脑中的认知偏差，还受到文化变迁的因素影响。自社会学家从 20 世纪 90 年代提出至今，西方社会一直在规避风险，稳妥与谨慎似乎成了主流观念：无数交通规则告诉我们要小心慢行，媒体一直在制造恐慌，让我们担心自己的孩子可能遭受恋童癖者的侵害，或席卷全球的埃博拉病毒会给人类带来灭顶之灾。此外，还有保险行业不断地劝导我们购买航班延误险和人身意外险。受到“诉讼文化”的影响，学校开始缩减课间玩耍时长，以防学校因孩子受伤而遭遇费用高昂的诉讼案件。由于不断遭受“不冒险”文化的轰炸，我们开始逐渐失去“homo aleatorius”——寻求冒险与刺激的天性。[23]

或许我们最应该从自身出发，思考我所说的“个人冒险故事”。比如，几天前在酒吧里，一位朋友向我讲述了她的感悟。她是一位展览出品人，已经在伦敦工作 10 年。最近的一个项目中，她结识了一些自由出品人，这突然让她领悟到：在公司坚守 10 年的原因竟然是为了获得安全感，而这一切都与她自己的成长环境有关。她的父亲是一名军人，母亲是教师，所以她很自然地也想拥有一份稳定的工作。这种对安全感的渴望根植在她的思想深处，根本无法察觉。而这一刻，她释怀了，因为她意识到自己的观念不是源于自身，而是特定家庭教育的结果。然后呢？她辞了职，变成一名自由职业者，接着和男朋友离开伦敦，去了一处农场和 800 只羊一起生活。这件事给我们的启发跳出了备受赞誉的“风险科学”领域，告诉我们，回顾个人成长和冒险经历，或许是实现“活在当下”的一种有效途径。如果要把你的冒险故事画在一张纸上，你将如何描绘呢？

阻碍“活在当下”的最后一个因素是“冷漠”，“冷漠”一般会让我们联想到“懒惰”和“不在乎”。比如一个人躺在沙发上看电视，即便此时的电视节目让他感到无聊，他也懒得起身去拿遥控器换台。抑或有人觉得气候变化可能是个严重的问题，但解决这个问题却是别人的事，或者解决与否都没有关系。“冷漠”是对世界的一种麻木状态，这反映在其古希腊词源上，意为“无感”。

心理学家总是将“冷漠”归结于压力、抑郁或缺乏生活的意义。我则认为“冷漠”的最终根源是无力感，即我们的行为不会给自己的生活或周围的世界带来任何改变。社会评论家乔治·蒙博已经意识到当代政坛出现了“冷漠潮”：

> 随着生物圈被破坏，公共服务被缩减或让位于企业，工人被迫签署零工时合同，我们好像掌握了一种无限的忍受力，静观政治生活被财阀控制和主导。

蒙博这样认为，主要是因为我们忙于购物和宅在家中。正如我前面讲到，他说对了一大部分，但还有一个重要原因是“无力感”。社会体制过于庞大，个人行为杯水车薪，起不到任何实质性作用。在这一点上，有人可能会想到“团结就是力量”。只要我们和他人协同合作，无论是身边的亲朋或团体组织，都可以战胜冷漠。这也是为什么人们会参加跑步俱乐部：社群的归属感给了他们周日起床的动力。

然而，大多数人并没有意识到，还有一种更为显著的应对“冷漠”的方法：选择。只要我们决定行动，虽然不会对周围的世界产生太多的影响，但选择本身却改变了我们自己。这是对个人力量的坚守，但选择是如何改变甚至重新定义我们的呢？我们如何在实际生活中加以练习，来应对冷漠，拖延、过载以及风险呢？

3. 你的选择造就了你自己

塞缪尔·贝克特的戏剧《等待戈多》（*En attendant Godot*）中的人物都是优柔寡断的“高手”。他们不停地计划、下决心，但从未做出任何实际性的决定。最后几句台词点明了主题：

> 弗拉季米尔：那我们走吧？
>
> 爱斯特拉冈：嗯，我们走。
>
> 【舞台说明】：他们一动未动。[24]

《等待戈多》是我们生活的写照。我们经常“一动未动”，明知需要做出决定，但不知为何总是沉浸在摇摆不定的状态之中。我们可能已经知道一段感情出了问题，那项工作没有完成，或应该多探望父母，选择已经摆在我们面前，我们却经常把握不住行动的机会。

我们的生活可以看作是随着时间展开的一系列选择，每一次选择都具有潜在的力量，不仅塑造了我们的行为，还陶冶了我们的人格。不过，我指的不是挑选哪个牌子的巧克力饼干或夜出穿什么夹克，而是与我们生存相关的重大决定。小说、戏剧和电影经常以此为主题。《辛德勒的名单》中的奥斯卡·辛德勒冒着生命危险，犹豫是否挽救自己工厂中的犹太工人；《黑客帝国》中的尼奥要在红色胶囊和蓝色胶囊之间做出艰难选择；抑或《天使爱美丽》中，女主角一直无法说出对尼诺的爱。“如果你不抓住这次机会，”老人劝说道，“你的心最终会像我的身体一样，变得干瘪、脆弱。”还有表达存在主义焦虑的杰作《毕业生》，伊莱恩站在教堂走廊，一面是刚刚完婚的名不见经传的运动员，一面是呼喊自己名字的本恩。此时的她必须做出“活在当下”式的选择：要么留下来陪伴新婚丈夫，要么与本恩私奔，过另一种完全不同的生活。她思索片刻，看了看周围的婚礼宾客，然后逃跑了。

选择作为探索生命意义的重要途径之一，是维克多·弗兰克尔思想的核心，他是20世纪40年代存在主义心理疗法的创始人之一。“人是什么？”他问道，“是他不断做出的选择。”[25]

弗兰克尔的简单陈述，是我听过的有关“活在当下”理念最准确的表述之一。“选择”作为一种行为，揭示了我们的关注点，反映了我们的世界观、欲望、偏好和恐惧。它就像一面镜子，让我们透过自己的信仰以及行为来审视自我，觉察自身内在的变化。假如你决定参加表演补习班，而不是听从父母之命学习会计，这个选择就映射出你的本质和价值观。实际上，你是在向世人宣告：“我喜欢表演”“我注重创造力”。[26] 同理，当你决定参加人生第一场政治游行时，其实是在丰富自己的身份，刷新自我评价：我是一名行动主义者。此时，选择变成了你的一部分。我们都是自己选择的产物，或如让-保罗·萨特所说：“存在就是行为。”[27]

当你回看自己的生活轨迹时，会发现有一些不可抗拒的因素（比如无缘无故被辞退，贫苦出身或患有遗传性抑郁症）在发挥着作用。与此同时，你在人生十字路口所做的选择，也同样塑造着你的生活。何去何从之时，我们不仅发现了自我，还找到了具体的奋斗目标，让生命充满意义和方向。[28] 这些目标——即弗兰克尔所说的“具体任务”——因人而异，可以是推广儿童戏剧、用科学的手段挽救流浪动物以及继承家业。我们的选择映射出这些目标的重要性。

尽管所有积极向上的自助手册都鼓励我们要大胆做出选择，但选择从来不是件易事。一名学生在战争期间向他人寻求建议，这位年轻的小伙子纠结于留下来照顾母亲，还是参加自由法国部队抗击德军，为死去的哥哥报仇。他知道留下来对母亲来说很重要，但也不确定参军打仗会带来何种改变，有可能他连训练营都出不去，根本没机会上战场。面对如此煎熬的两难境地，他该怎么做？应该以孝为先还是为国而战？

最后的答案颇具深意：“你是自由的，所以做出选择吧。”言简意赅，这名年轻人可以根据自己的意愿对两个选择进行利弊权衡，也可以多方恳求建议，但最终还是需要他自己做出选择。这是无法躲避的事情：他必须看到所有的可能性，然后选择其中一种。最终的决定只能从他自身发出。萨特曾写道：“人类被判处‘自由刑’。”[29] 自由的实质是我们必须为自己的行为承担不可推卸的负责，同时，每做出一次选择，都意味着拒绝所有其他可能性。如果你因此而感到痛苦，也只能默默承受，因为这是生而为人的困境，是自由的代价。

作为存在主义经典的核心，这则故事给选择的自由染上了戏剧的色彩。不过，摆在我们面前的不全是令人痛苦不堪的道德困境，有时还会出现相对琐碎但仍影响深远的抉择，比如我们在工作会议中应如何与同事交谈，如何对待街头需要帮助的陌生人，抑或是否应该抽出时间参加唱诗班或陪陪孩子等。这些都具备“活在当下”式的可能性。当然，也存在一些重大的抉择，这些抉择更多的是关于如何面对困境，找到行动的勇气。下面我将讲述自己的亲身经历。

我曾经的工作是开展社区项目，在民间收集自我转变方面的逸事。尽管初期工作有声有色，但几年下来，我的热情消减了大半，收获也越来越少。我似乎变成了一名管理员，一直不停地收发电子邮件。我虽然按部就班地处理各项工作，但内心早已萌生离开的打算。其间，我一直在酝酿“另起炉灶”：自己开设课程，讲授生活的艺术，具体课时可能是一天，也可能是几天。但是我一直没有想好如何开始，又担心财务方面的风险，自身经验不足，根本无法预知是否能够成功。我的搭档劝我辞职，但我一直在找借口拖延。即便我真的辞职，也没办法实现创建工作室的设想。就这样，我在抱怨中拖延了3个月。最终，她说：“你不需要辞职，周末的时候在我们的厨房开课，如何？”

在她的建议下，我开始行动了。当晚，趁着“活在当下”的激情，尽管我尚不清楚自己要讲授什么，但还是向几位朋友及朋友的朋友发送了电子邮件，邀请他们和我一起重新思考对爱与时间的看法。两周后，他们真的现身在我们的厨房中，8个人围坐在餐桌旁。那次课程很成功，于是我又以同样的方式讨论了多个话题（如事业和同理心）。随着厨房工作室不断壮大，许多人开始慕名而来。很快，我也收到邀请，前往文化中心为更多的人讲课。在几个月的时间里，课程进展得非常顺利，于是我也有了辞职的勇气，拥抱以工作室为中心的新事业，并在“如何生活”领域出书立作。这个决定最终让我成了“人生学校”的创始人之一，该教育机构始于伦敦，现已遍布全球。

创建工作室的决定成了我的人生转折点，让我迈进了全新的生活。但同样重要的是我当时的心情。至今，我仍记得发出邀请邮件后的那份激动与愉悦。那是一种绝对的自由，也伴随着一丝解脱和焦虑。最终，我选择成为自己人生的主宰。尽管心存对失败的恐惧，但挣脱踌躇的枷锁的确让我感到轻松，体验到了从内心迸发出的生命力。这种感觉仿佛让我回到了那天晚上，工作室首战告捷之后，我独自坐在餐桌旁，面对满桌用过的咖啡杯和便利贴，享受着令人沉醉的生命之光。

“每一种行为，”但丁写道，“无论行为者最初的动机是什么，是否出于必要或违背自由意愿，这种行为都是对行为者自身形象的表露……在某种程度上，行为者自身在行为中得到了巩固和加强。”[30]但丁阐明了“我选故我在”的哲学理念。我们做出有意义的选择后，会感到自己的生命得到了升华。有人称其为“选择的兴奋”，即便有时伴随着恐惧，但还是会给我们的身心注入活力。在这个过程中，我们懂得了生命存在于行动之中。选择的难度不应该成为一种障碍，设想人生的抉择，皆如在草莓和香草冰激凌之间做选择的话，或更糟糕的情况——所有重大决定都已事先为我们做好，那么人生将会索然无味，我们的个性也将消失。因此，我们应该把艰难的抉择视作发挥的机遇，尽情书写自己的人生。[31]

有三种经验可以帮助我们做出“活在当下”式的选择。第一，必须坚持自我。我们所做的选择不应该受限于他人对我们的期望。我们不必局限于扮演的社会角色，而应该把自我形象当作行为出发点，忠诚于自己的个性。我们应该尽最大努力摆脱文化习俗在性别、阶级、教育和年龄等方面对自己的束缚和扼杀。[32]

第二，不要以为自己可以侥幸避开选择。不选择其实也是一种选择。如果你沉浸在一段破碎的感情之中无法自拔，你最终会明白，这其实是你自己的决定。作为与不作为，都会给我们带来无法逃脱的责任。[33]

第三，我们应该努力提高行为意识，专注于自己正在做的事情，而不是进入按部就班的惯性之中。对此，加缪或许给出了最恰当的阐述：“了解自己的生活、斗志和自由，做到最深入的了解，就变成了生活本身，并且是最充实的生活。”[34] 把此类名言警句当作屏保固然简单，但我们在实际生活中应该如何遵循加缪的建议呢？我认为重点是养成一种观察的习惯，发现生活中选择的可能性，无论大小，都不应该因为我们的粗心、拒绝或盲目乐观而被忽视。每天夜幕降临后，我们都要扪心自问：作为一名家庭成员、公司员工、家长、朋友以及公民，我真的了解自己所做的选择吗？有哪些选择体现了自己的价值观和喜好呢？最终，我们可能会意识到，“活在当下”不只是让我们把每一天当作此生的最后一天来度过，更应该在每一天活出自己的选择，并且每一次选择都是深思熟虑的结果。

4. 体验的门徒

做出选择是存在主义的“炼金术”，不仅帮助我们塑造自我，还能为我们的生活赋予意义。对于很多人来说，决策内在的非凡力量足以让他们活在当下，战胜拖延或冷漠等心理障碍。但对于另一些人来说则没那么简单。在此，我们需要引入另一种“活在当下”式的基本观点：我们的选择不仅创造了我们的身份，还打开了通往体验的大门。当我们变成体验的门徒时，才真正击碎了那些心理障碍。

在书店里翻看“个人发展”类图书，你会发现上百条名言警句告诉你如何冲破行动的枷锁。一本治疗拖延的畅销书建议遵循经典的方法：“将目标化整为零，各个击破。”所以，“我要写一份报告”，就变成了“今天我要花 30 分钟时间设计电子表格，明天再用 30 分钟填写数据，后天再利用一个小时基于数据写报告”。[35] 嘿，你猜怎么着？任务完成了！

如果“活在当下”的目标仅限于写数据报告和其他可以独自完成的表格任务，那么这种行为策略或许可行。但是，当遇到情绪波动大、社会关系复杂或极富挑战的个人问题时，比如创立慈善组织、参加匿名戒酒会、辞掉法律工作我们应该怎么办呢？

在这些高风险、不确定的情况下，我们需要用不同的方法应对。什么方法呢？这个问题已经折磨了我很多年，不仅出现在日常生活中，还影响着我对“生活艺术”的讲授与写作。我们如何做出重大抉择？读了那么多书，上了那么多课，无休止地交流讨论，我们到底怎样才能冲破枷锁，活在当下？

我不相信有哪种方法可以解决所有的生活难题，但如果要为“活在当下”修建一座庙宇，我会在入口处刻上这句格言：先行动，后思考。

这条经验可能比其他所有名言警句更具意义。我第一次认识到这句格言的价值，是在撰写上一本关于职业变动的专著期间。[36] 我发现，如果你不满足于养家糊口，而想找一份充实又有意义的工作，那么首先需要摒弃的就是职业咨询师的建议：先深入调查研究，找到最佳职位，然后开始投简历。这样或许让你找到一份工作，但最后很可能无疾而终。实际上，你应该从这种“三思而后行”的模式中跳出来，先行动，后思考。这意味着，你需要走进现实世界中，通过观察学习、做志愿者或体验等形式，亲自尝试不同的工作。我的第一堂“厨房交流课”就是在全职工作之余对“先行动，后思考”的具体实践。只有沉浸在体验的兴奋之中，我们才能准确地找出最能（或最不会）带来充实感的工作。企业变革专家埃米尼娅·伊贝拉（Hermina Ibarra）观察得出：“创造变革的唯一方法，是把我们可能的身份付诸实践，进行加工创造，直到它们变成真实的体验，才能指导我们进入决定性阶段……只有在现实生活中不断打拼，我们才能认识自己，单靠内省是不够的。”[37]

适用于职业变动的经验，也适用于生活。“启蒙运动”时期的陈旧理念将生活选择视作一种理性的思辨过程，要先考虑所有的选项和观点，再从完美契合的现实尺度进行权衡，最终做出决定。事实上，根本不存在什么尺度，至少没有哪一种值得我们完全信靠。[38] 你可以为“完美爱人”设定一套标准——外表、教育背景和幽默感——当满足所有条件的那个人最终出现时，你可能会大失所望。与那套标准背道而驰的人，反而让你爱得死去活来。所以重点不是制订多么合理的计划，真实的生活体验才是想法的“试金石”，才是通向自我认知的“高速路”。

体验式学习的价值已得到至少一个世纪的弘扬和发展，最初可以追溯到哲学家约翰·杜威，甚至德·蒙田的著作。[39] 尽管从教科书上也能学习到一些体育知识，但仍有一些特定的项目，比如攀岩、舞蹈或弹奏班卓琴，需要通过实践才能真正掌握。这个道理也适用于我们的生活，不是说我们要完全摒弃理性思维，只是有时再思考下去就会适得其反。这时投身到体验之中，会有意想不到的新收获——不只包括体验本身，还有它带给我们的感受。

达·芬奇或许是我们的榜样，因为他曾在自己的名字后面加上了“体验的门徒”的字样。[40] 但要注意，体验也有残酷的一面。“体验（experience）”一词源自拉丁语 experimentia，意为“实验”，在法语（expérience）和意大利（esperienza）等语言中，还可以表示“科学实验”。体验还与“periculum”相关，即拉丁语中的“危险”。[41] 寓意很明显：体验式生活存在固有的危机和风险。正如达·芬奇耀眼的职业生涯充满了失败的体验，我们“活在当下”式的体验有时也会不尽如人意。但那又怎样呢？ 19 世纪最伟大的“活在当下”倡导者之一爱默生，鼓励我们勇敢面对这个事实：

> 不要过于约束或拘谨自己的行为，生活就是一场实验，做得多了，自然越来越好。前方荆棘密布？顶多刮破

你的衣服。摔倒了？那就索性在泥土里撒点儿野。等你再站起来的时候，就再也不怕跌倒了。[42]

体验似奔腾不息的血液，流淌在致力于“活在当下”的人们心中。尽管理性思维与深思熟虑等“启蒙时代”的传统起到了一定作用，我们仍需要更好地平衡观人与观己、反思自省与体验外延之间的关系。当走进下一秒的生活中，再次对未来产生怀疑、动摇或迷茫时，我们或许应该相信“体验”的力量，先行动，后思考。只有这样才能真正认清一个残酷的事实：生活就是一场体验，充满各种可能性，我们既无法预知所有，也不能全面掌控。精神分析学家艾里希·弗洛姆曾写道：“迈出的每一步都存在失败的危险，这也是人们害怕自由的原因之一。”[43] 如果我们想要的是自由，就必须做出选择，并做好“跌倒”的准备。

5. 雕刻自我

“当今所有的雕塑，与以往的那些作品一样，终将在未来的某一天化为乌有……所以必须认真对待自己的作品，哪怕是最细小的凹陷与颗粒，都要在其中注入生命力。”

——阿尔伯托·贾科梅蒂[44]

“活在当下”的生活方式最终是一种对自我的伟大创造。我们可以把自己想象成一名雕刻家，用一块块黏土层层堆叠出自己的形象——有点类似于瑞士艺术家阿尔贝托·贾科梅蒂（Alberto Giacometti）的那些作品。我们做出的每个选择都俨如一块黏土，慢慢勾勒出自己的轮廓。日积月累之后，我们就塑造了自我。

我们偶尔会做出某项重大决定，“雕塑”也就相应产生新的变化。有时我们犯了错，就努力刮去那块错放的黏土。通过更明智、更老练的选择，我们总会找到补救的机会，重新调整雕塑。有时，我们的选择或许会受限于社会习俗，导致雕塑开始融入他人的特点，逐渐丢失原有的个性。有时我们还会拖延、犹豫，因为不知道下一块黏土到底应该放在哪儿。

我们偶尔还会退后几步，审视眼前的雕塑，这个由多年的选择累积出来的作品，能让我们感到满意吗？从它的目光中，我们能觉察出它的个性和意念吗？

雕塑终将不可避免地支离破碎，回归大地。但在那天到来之前，我们可以借助自己的创造力给它注入能量和活力，让它拥有生命，自在行走，而这就是“活在当下”给我们的希望。

CARPE DIEM REGAINED

重新活在当下

The Vanishing Art of Seizing the Day

后 记

“活在当下”曼陀罗

贺拉斯从来不是一个谦卑的人，“我建造了一座丰碑，比青铜更恒久，比诸王的金字塔更壮观”，他在第三本《颂诗集》的最后一首诗中宣称，“我不会彻底死去，我的大部分身体将躲过利比蒂娜”。[1]他说的其实是自己的诗歌，而“利比蒂娜”是罗马的死神。从一名自由奴隶的儿子，摇身一变，成了著名的词人和帝王的宠信，这或许让他有了自夸的资本。此外，他的沾沾自喜或许说明，自己的作品探讨的都是日常生活中常见的主题——从爱情、友谊到死亡，而这也足以经得住时间的考验。

不管本意如何，他都说对了，如今人们还在读贺拉斯的作品。最让世人铭记的莫过于《颂诗十一篇》中的内容：活在当下。这一理念不仅是这本书的灵感来源，还在过去的三年中一直给我指引和陪伴，让我踏上了一段兴奋之旅，领略大千世界的神奇与美妙。这期间，我不仅涉猎文艺复兴诗歌、道德哲学、戏剧即兴表演，还走进了冲浪者、瘾君子和政治活动家的生活。我惊奇地发现，一首简单的古诗，竟能触及人类文明中如此众多的领域，并产生丰富的关联。

鉴于“活在当下”理念固有的多样性，我们很难对它的意义或传达的信息做出任何单一的定论。它既没教授世人高深的人生道理，也未设立明确的准则或诫命。它不是行为规范，用于指导我们做出特定选择，而是一种生活态度，时刻提醒我们“活在当下”。它侧重的不是行为内容，而是行为方式，让我们从不同角度实践贺拉斯的理念，并面对因此而产生的挑战。[2]

存在的核心动力——死亡与自由，两者呈阴阳共生的关系。[3] 我们“活在当下”的本能，部分来自人类对自由的深层次渴望。为了实现自由，我们不再听天由命，而是通过行动塑造自己的人生。不过，这种本能还源自另一种认知：人生短暂，我们对自由的追求受到死亡的限制，因此需要充实利用现有时光，否则将遗憾终生。正如圣毕德笔下的那只闯进皇宫的麻雀，我们展翅飞翔的时间如白驹过隙，随即会再次进入无尽黑暗。那么，我们应该如何度过这短暂的时光？应该与谁同行？实现什么目标？自由与死亡迫使我们做出影响终生的抉择。

其中削弱“活在当下”效力的文化绑架者，如“放胆买”的冲动消费主义和“放胆呼吸”的正念运动，拖延、风险、过载和冷漠等心理障碍，以及阻碍我们品尝“不老仙丹”的“否定死亡”，虽然这些因素看似强大，却并非不可逾越。我们需要冲破这些阻隔，重获世代相传的“活在当下”的智慧。

回顾整个西方历史，每种“活在当下”的方式不仅得到了长久的实践，还彰显出各个特定时期的民众特征。文化历史学家告诉我们，“即兴”于中世纪末期开始兴起，并在新教改革与工业革命之前存在于嘉年华的传统之中。到了 17 世纪和 18 世纪，伴随着中产阶级骄奢的生活方式，享乐主义盛行开来。进入 19 世纪、20 世纪之后，个人主义意识形态成为主导，“活在当下”逐渐变成抓住机遇，实现个人发展与成就。如今的21世纪初期，我们见证了一种全新的发展趋势：越来越多的民众将“活在当下”视作对当下的关注和意识。

这种对历史顺序的梳理的确过于笼统。培养正念是中世纪欧洲基督教沉思传统的一种表现，正如导致享乐主义的酒精与毒品仍在当今的西方十分盛行。如果做跨文化研究，那么就会变得更加复杂：通过抓住机遇的方式活在当下，进而实现个人目的，或许是当代社会中普遍存在的一种“活在当下”模式。这种模式与经典哲学和艺术倡导的“有准备的即兴”有机共存。此外，贺拉斯理念的不同形式经常相互重合。

也就是说，“活在当下”在未来的发展趋势将变得扑朔迷离。当然，影响因素一定包括不断延长的寿命和逐渐恶化的财富分配不均。但是，其中最重要也是最无法预测的，或许是数字科技。电子网络化社会以非常危险的速度向我们逼近，这可能会彻底改变“活在当下”的面貌。正如我们看到的那样，这种情况已经开始发生了。一键式冲动购物帮助消费主义绑架了“活在当下”，我们拼命处理数字信息洪流，最终导致自己落入“放胆想”的高度计划的生活之中。同时，泛滥的短信息已经发展成一种虚假的“即兴”，掩盖背后的“错失恐惧症”；我们对手机的依赖衍生出“分心文化”，严重影响我们的注意力，无法专注当下，做出有意义的选择。然而，希望还是有的。制造社会氛围、在街头燃起即兴之火等方面，数字网络已展示出巨大的潜能，如“死亡咖啡馆”等“活在当下”式运动也借助科技，在全球范围内掀起集会热潮，让更多的人重新认识死亡。

未来的发展趋势是个未知数，技术理论家杰伦·拉尼尔（Jaron Lanier）回想起20世纪90年代，自己曾对互联网充满期望。这种乐观的态度“源于看到越来越多的民众制作网页、主动表达，以为20世纪末期那个呆坐在电视前的‘被动社会’只是一场终究消失的噩梦”。但他强调，也正是从那时起，互联网逐渐变成趋同、被社会控制的“帮凶”。人们没有发挥创造力和个性来搭建自己的网站，而是集体涌进脸书等已有的社交网络模式中，在用户设置页面上，把自己归入有限的人物类别，并熟练地把自己的想法缩减到140字以内。[4]最终的结果或许会变成小说家查蒂·史密斯（Zadie Smith）所说的人类个性“扁平化”，即社交媒体摧毁了我们表达个性的能力。[5]我们也可能陷入数字网络的“回声室”中，相同的声音不断“腐蚀”我们，让我们不再对自我和世界抱有不同的态度。

但是，乐观主义还是会找到武器对抗“反乌托邦想法”。无数的数字设计师、艺术家、软件程序员和社会企业家善于利用科技手段，宣讲自己的创意与价值；我们每个人几乎都有过网恋、寻找社群或发现政治自我等线上经历。此外，电子游戏、虚拟现实、聊天室和短信息等科技产品所具备的交互性，远远超出电视等被动型消遣方式，而后者曾严重消耗我们“活在当下”的激情。大多数科技仍在我们与虚拟现实之间放置了阻隔网，巩固了间接、二手经验的统治地位。用你喜欢的球队玩一场虚拟足球或许很有意思，但与在现场看球的紧张刺激相比，还是有着本质上的区别。

尽管我们上网的时间越来越长，但我确信，鉴于贺拉斯理念的文化力量已经积淀了2000多年，“活在当下”的口号不会轻易被淹没在腐蚀我们头脑的即时电子信息和推文之中。我和其他人一样，也是数字媒体上瘾者。但在撰写这本书期间，我仍可以听到贺拉斯的呼喊，“活在当下”哲学理念给了我前所未有的启示。我发现自己做出了从未有过的举动：报名表演补习班、洞穴探险，并在最近十年内首次参与社会活动。我还带着孩子们参加疯狂的宿营之旅，让他们在大雨中玩耍嬉戏，而我也在这个过程中变得更加专注。经过数年的拖延之后，我终于有勇气开办世界首家“同理心博物馆”。这是一项全球巡回展，旨在帮助我们换位思考，从他人眼中看世界。这一切都归功于贺拉斯。我承认，这些“活在当下”的事例并没有惊天动地的影响力。我没跳过伞，也没举家搬迁到廷巴克图（译者注：西非马里共和国的沙漠之城），并且依旧花费大量时间阅读帕特里克·利·弗莫尔等人的自传。但“活在当下”就会遇见生活新希望。

这些新希望不只属于我。在如今的个人主义时代，“活在当下”必须成为人人有份的共同财富。我们不仅要为自己“活在当下”，也要为他人“活在当下”，更要与他人一道“活在当下”。正如萧伯纳所写的那样：

> 这才是真正的生活乐趣：实现自己认为伟大的目标，成为一种自然的力量，而不是变成狂热、自私的小人物，充满怨恨与不满，埋怨世界没有满足你想要开心的愿望。
>
> 我认为自己的生命属于整个社群，只要我还活着，就有权利决定自己的行为。
>
> 我想彻底燃烧自己，再离开人世。工作越努力，生命

才越充实。我所喜乐的是生命本身。对我来说，生命不是“微弱的烛光”，而是熊熊燃烧的火把。火把在我这里短暂停留的时候，我要让火焰燃得更旺，再传给未来的世代。[6]

CARPE
DIEM
REGAINED

重新活在当下

The
Vanishing Art
of Seizing
the Day

附录

电影、歌曲与诗歌

以下是以“活在当下”为主题的精选电影、歌曲和诗歌，所选内容融入了我的个人喜好。为了纪念贺拉斯的《颂诗十一篇》，每个类别下面都列有 11 项内容。

电影

《生之欲》（黑泽明，1952 年）

《哈洛与茂德》（哈尔 · 阿什贝，1971 年）

《麦库林》（大卫 · 莫里斯，2012 年）

《希腊人佐巴》（迈克尔 · 柯杨尼斯，1964 年）

《超新约全书》（雅克 · 范 · 多梅尔，2015 年）

《观看之道》（约翰 · 伯格，1972 年）

《时空恋旅人》（理查德 · 柯蒂斯，2013 年）

《下一站，天国》（是枝裕和，1998 年）

《猜火车》（丹尼 · 博伊尔，1996 年）

《死亡诗社》(彼得·威尔，1989 年)

《走钢丝的人》(詹姆斯·马什，2008 年)

歌曲

卢·里德——*Perfect Day*

埃米纳姆——*Lose Yourself*

尼尔斯·弗拉姆——*Says*

重金属乐队——*Carpe Diem Baby*

亨利·珀塞尔——*When I Am Laid in Earth*(黛朵的悲歌)

活在当下——*With My Hammer*

伊基·波普——*Lust for Life*

盖伊·隆巴多——*Enjoy Yourself*

鲍勃·马利——*Wake Up and Live*

普林斯·内尔森——1999

平克·弗洛伊德——*Time*

诗歌

贺拉斯《颂诗十一篇》第一卷(*Ode XI*, Book 1)

伊丽莎白·菲茨杰拉德《鲁拜集》

艾米莉·狄金森《我为美而死》

托尼 · 哈里森《多边形》(*Polygons*)

罗伯特 · 弗罗斯特《活在当下》

安德鲁 · 马维尔《致羞怯的情人》

沃尔特 · 惠特曼《我歌唱带电的肉体》

A. E. 豪斯曼《XVI：多么清澈，多么可爱光明》

罗伯特 · 赫里克《致少女，当尽享时光》

菲利普 · 拉金《日子》

狄兰 · 托马斯《不要温顺地走进那个良宵》

尾注

e n d n o t e s

第一章　从贺拉斯到活在当下

1 http://www.dailymail.co.uk/news/article-2651658/For-time-Britains-favourite-D-Day-runaway-Bernard-Jordan-tells-amazing-story.html

2 http://forums.digitalspy.co.uk/showthread.php?t=2037992

3 Thoreau 1986, 135.

4 特别感谢提姆·史密斯-莱恩主导这次调查，还要感谢克里斯多夫·沃伦的鼎力支持。此项分析主要专注于英语资源。核心数据已在 Carpe Diem 数据库中完成编译（Smith-Laing, Whalen and Krznaric, 2015）。

5 http://www.ons.gov.uk/peoplepopulationandcommunity/birthsdeathsandmarriages/divorce/bulletins/divorcesinenglandandwales/2013

6 http://www.dailymail.co.uk/sciencetech/article-2449632/How-

check-phone-The-average-person-does-110-times-DAY-6-seconds-evening.html

7 http://brainblogger.com/2014/05/23/the-self-help-industry-helps-itself-to-billions-of-dollars/; https://www.theguardian.com/books/2013/dec/28/self-help-books-literature-publishers-growth.

8 https://www.youtube.com/watch?v=LRX5MiOG420

9 Quoted in Cooper (2013, 44) .

10 http://legacy.fordham.edu/halsall/basis/bede-book2.asp

11 Laing 1967, 37.

12 关于文艺复兴对贺拉斯的态度，请参阅 McGann（2007, 305-317）。

13 Horace 2000, 34.

14 Smith-Laing, Whalen and Krznaric 2015.

15 http://www.dailyscript.com/scripts/dead_poets_final.html

16 Horace 2000, 145.

17 “活在当下”诗词的早期示例包括莎士比亚的《第十二夜》中的《哦，我的情人》以及洛伦佐 · 德 · 美第奇的《胜利》，开头几句这样写道：“青春甜蜜美好 / 生命转瞬即逝 / 快乐就在此时 / 明日无人知晓。”http://www.elfinspell.com/MediciPoem.html

18 Anderson 1992, 115-122; Lill 1997, 109-110; Moldenhauer 1968, 189, 204.

19 McMahon 2006, 70-74; Eyres 2013, 181-193; Grimm 1963, 316-317.

20 基于 2005 年至 2015 年间的数据（Smith-Laing, Whalen and Krznaric 2015）。

21 Ehrenreich 2006, 92, 97-117.

22 比如1795年2月3日上议院《议会注册》第533页中兰思顿侯爵的演讲。分析基于Google Ngram文字搜索（Smith-Laing, Whalen and Krznaric 2015）。

23 1933年11月7日《泰晤士报》。

24 http://www.pbs.org/wgbh/amex/china/sfeature/nixon.html. 尼克松宣称自己引用的是毛泽东的一首诗，但他所用的文字与贺拉斯的极为相似。在去中国之前，他用了短语“seize the moment”（只争朝夕），甚至还变成了他的一本著作的名字。还可以参阅2000年12月24日出版的《纽约时报》，其中威廉·萨菲尔分析了贺拉斯“活在当下”在政治领域中的用法变化。

25 https://www.youtube.com/watch?v=IZsy8YYRQxc

第二章　关于人生观

1 Duncan 1964, 66.

2 Quoted in Solomon et al (2015, 218).

3 http://deathcafe.com/what/. 另有“死亡晚餐”运动也正在全球兴起：http://deathoverdinner.org/

4 Paz 1967, 49.

5 http://www.romankrznaric.com/outrospection/2015/10/19/3935

6 Solomon et al 2015, 8-9, 45, 104; http://fivebooks.com/interview/

sheldon-solomon-on-fear-of-death/

7 Yalom 1980, 41. 我对死亡以及其他重要的“活在当下”话题（如自由）的思考和认知很大部分源自欧文·亚隆作品，尤其是《存在主义心理治疗》。

8 Yalom 1980, 53-54.

9 对于克里姆特画作的理解，请参阅 Néret（2015, 71）和 Solomon et al（2015, 213）。

10 http://news.stanford.edu/news/2005/june15/jobs-061505.html

11 Aurelius 2006, Book 7 Section 40.

12 Seneca 1932, sections 1 and 7.

13 Irvine 2009, 200.

14 http://www.nbcnews.com/science/environment/apple-creates-34-2-million-metric-tons-greenhouse-gases-n345031; http://unstats.un.org/unsd/environment/air_greenhouse_emissions.htm

15 http://www.historyandtheheadlines.abc-clio.com/ContentPages/ContentPage.aspx?entryId=1171741

16 Kurosawa (1952) .

17 Niemiec and Schulenberg 2001, 395.

18 Frankl 1987, 76.

19 Frankl 1987, 111.

20 http://www.firstshowing.net/2013/interview-about-time-writer-director-richard-curtis-on-happiness/

21 https://archive.org/stream/completenietasch10nietuoft/completeni-

etasch10nietuoft_djvu.txt

22 Loeb 2013, 645-671.

23 Cox 2011, 101.

24 http://gutenberg.us/articles/h%C5%8Dj%C5%8Dki

25 http://www.washburn.edu/reference/bridge24/Hojoki.html

26 https://www.theguardian.com/stage/2016/jan/12/lindsay-kemp-david-bowie-ziggy-stardust-interview; http://thequietus.com/articles/09927-david-bowie-is-v-a-exhibition

27 Buckley 2005, 1.

28 Tolstoy 1960, 152.

29 Tolstoy 1960, 148.

30 http://bronnieware.com/regrets-of-the-dying/; Hennezel 2012, 5, 68-72.

31 Yalom 1980, 173-175.

32 Eagleman 2009, 104-105.

第三章 绑架“活在当下”的始末

1 http://www.theguardian.com/society/2014/dec/14/britons-learned-art-last-minute-living

2 Ehrenreich 2006, 91.

3 Ehrenreich 2006, 79, 85.

4 Thompson 1968, 448.

5 Weber 1958, 166, 168.

6 Ehrenreich 2006, 99; Weber 1958, 157.

7 Camus 2005, 80; McMahon 2006, 104.

8 Thompson 1968, 450-451.

9 Foucault 1979, 298-306; Young 2008, 78.

10 Burton 1838, 3.

11 http://www.digitalspy.co.uk/fun/news/a464219/75-percent-of-people-use-their-phone-on-the-toilet.html#~paG8CyVh1J6R2n

12 https://medium.com/swlh/how-technology-hijacks-peoples-minds-from-a-magician-and-google-s-design-ethicist-56d62ef5edf3#.c7y-7hiu9e

13 Krznaric 2011, 130.

14 http://www.statista.com/topics/846/amazon/; http://uk.businessinsider.com/new-cirp-amazon-prime-numbers-2016-1?utm_source=-feedly&utm_medium=webfeeds?r=US&IR=T

15 http://www.socialmediatoday.com/social-business/adhutchinson/2015-06-06/why-focus-stream-purchases-and-one-click-buying-social-media

16 Katz 1994, 199.

17 Center for Applied Research 1999, 1.

18 Katz 1994, 146; Coombs 2014, 257-258; Lucas 2000, 149-164; Arsenault and Fawzy 2001, 63-76; Helstein 2003, 276-292; Penaloza

1998, 337-400.

19 Berger 1972, 131; Ewen 1996, 3-4, 131-145.

20 Berger 1972, 131.

21 http://www.monbiot.com/2014/01/20/addicted-to-comfort/

22 Adorno and Horkheimer 1997, 123.

23 Packard 1960, 11-17.

24 莫兰研究过电视给个人和群体带来的很多乐趣（2013）。

25 英国看电视的平均时长是3小时40分钟，请参阅 http://media.ofcom.org.uk/news/2015/cmr-uk-2015/，和 https://www.thinkbox.tv/News-and-opinion/Newsroom/10032016-New-figures-put-TV-viewing-in-perspective. 美国政府的最新数据显示，15岁以上的民众每天看电视的平均时长是2.78小时（休闲总时长是5.21小时）。不过，看电视的时长可能被低估了，因为数据将手机与平板电脑排除在外。请参阅 http://www.bls.gov/news.release/pdf/atus.pdf. 针对美国与欧洲的多项研究得出更高的看电视时长，例如：http://www.nielsen.com/us/en/insights/reports/2016/the-total-audience-report-q4-2015.html. 还可参阅：http://www.economist.com/node/15980817 and Kubey and Csikszentmihalyi (2003, 50).

26 Kaiser Family Foundation 2010, 3.

27 Mander 1978, 24.

28 Debord 2010, 2; Kubey and Csikszentmihalyi 1990, 185.

29 Moran 2013, 3.

30 基于来自意大利的一项针对500余对情侣的研究：http://serenel-

lasalomoni.com/2014/10/22/la-televisione-in-camera-spegne-la-libido/

31 Kubey and Csikszentmihalyi 2003, 53; Owen et al 2010, 4.

32 Orlowski 2007, 6.

33 http://www.commercialfreechildhood.org/sites/default/files/kidsandscreens_0.pdf

34 Veerman et al 2011, 1.

35 Dunstan et al 2010, 5; Paddock 2010, 1-4; Owen et al 2010, 1050113; http://www.health.harvard.edu/blog/too-much-sitting-linked-to-an-early-death-201401297004.

36 Kubey and Csikszentmihalyi 2003, 48-55; Baumeister and Tierney 2012, 4.

37 Kubey and Csikszentmihalyi 2003, 48-55; Crawford 2015, 8-10.

38 Bourdieu 1998, 7.

39 Kubey and Csikszentmihalyi 1990, 196, 200.

40 Kubey and Csikszentmihalyi 1990, 190-191, 213-214.

41 See, for instance, Rosenthal (2005, ix), Schwartz (2005, 2) and Greenfield (2012, 27).

第四章　把握机会的艺术

1 Smith-Laing, Whalen and Krznaric, 2015.

2 Angelou 2009, ix.

3 Angelou 2004, 232, 310, 460-464.

4 Angelou 2009, 1.

5 Angelou 2004, 510-511, 605, 1005.

6 Angelou 2004, 1163.

7 http://www.phrases.org.uk/meanings/412350.html

8 http://www.theguardian.com/news/oliver-burkeman-s-blog/2014/may/21/everyone-is-totally-just-winging-it

9 http://www.dailyscript.com/scripts/Harold-and-Maude.htm

10 Tedeschi and Calhoun 2004, 2.

11 Tedeschi and Calhoun 2004, 6; Ring 1996, 187-190; Yalom 1980,36; Noyes 1980, 235; http://www.ted.com/conversations/2306/what_3_things_did_you_learn_wh.html

12 Noyes 1980, 237-238; Yalom 1980, 33-40.

13 https://www.youtube.com/watch?v=yPfe3rCcUeQ

14 Quoted in Jenkins (1974, 15).

15 Solomon, Greenberg and Pyszczynksi 2015, 197.

16 McCullin 1992, 187.

17 McCullin 1992, 218.

18 Morris and Morris 2012.

19 Morris and Morris 2012; McCullin 1992, 15, 53.

20 Morris and Morris 2012.

21 https://www.theguardian.com/artanddesign/2005/aug/06/photography.art

22 Marsh, James 2008.

23 Adams 2001, 15-17.

24 Personal communication 12.03.15.

25 Sartre 1969, 59-60; Phillips 1981, 23-24; Vaneigem 2012, 114-116.

26 Krznaric, Whalen and Zeldin 2006, 328.

27 Krznaric, Whalen and Zeldin 2006, 338, 340.

28 Smiles 1968, 11; Josephson 1962, 10; Salecl 2010, 19-22.

29 Zinn 1995, 248.

30 Smiles 1968, 247.

31 Morris 2006, 60.

32 Zinn 1995, 248; Morris 2006, 65.

33 Zinn 1995 249; Morris 2006, 27.

34 Morris 2006, 16.

35 Quoted in Moore (2008, 11)

36 Machiavelli 1961, 91.

37 Bellow 2001, 66, 90; Mathis 1965, 43.

38 Marshall 2008, 311; Woodcock and Avakumović 1971, 119; Kropotkin 1978, 202.

39 Kropotkin 1978, 221-229.

40 Kropotkin 1978, 254.

41 Kropotkin 1978, 256.

42 Kropotkin 1978,261.

43 Sartre 1946, 14.

44 Sartre 1978, 59; Gerassi 1989, 47.

45 http://www.bbc.co.uk/news/education-26954901

46 http://hdt.typepad.com/henrys_blog/2010/04/april-24-1859.html

第五章 享乐主义再认识

1 http://www.tandfonline.com/doi/abs/10.1300/J398v01n03_03.

2 Mill and Bentham 1987, 278; Veenhoven 2003, 437.

3 McMahon 2006, 55; Seneca 1932, Section 7; Blackburn 2004, 44-45.

4 Beard 2010, 216; https://www.theguardian.com/culture/2005/oct/29/television; Edwards 1988, 134; Fagan 2002, 36.

5 McMahon 2006, 54-57; Klein 2015, 9.

6 Blackburn 2004, 44-53; Sorabji, R., 2000, 55-75; http://plato.stanford.edu/entries/stoicism/; Prose 2003, 9-10.

7 Blackburn 2004, 51; Dabhoiwala 2013, 7.

8 圣奥古斯丁的道德思想也受到希腊新柏拉图主义的影响。Colish 1985, 143-144, 207.

9 Walton 2002, 69, 147-151.

10 Walton 2002, 140-141.

11 Kringelbach 2009, 181.

12 Blackburn 2004, 5; http://www.advocatesforyouth.org/publications/publications-a-z/409-the-truth-about-abstinence-only-programs

13 Fisher 1963, 449.

14 Fisher 1963, 452-456.

15 Fisher 1963, 27-28.

第六章　不只专注现在

1 此数字基于 2005 年至 2015 年间的数据（Smith-Laing, Whalen and Krznaric 2015）。

2 http://www.soundstrue.com/podcast/transcripts/jon-kabat-zinn.php?camefromhome=camefromhome; http://www.salon.com/2014/12/06/mindfulness_truthiness_problem_sam_harris_science_and_the_truth_about_buddhist_tradition/

3 请参阅 http://funktionellelidelser.dk/en/about/treatment/mindfulness/. 有关正念概念与“活在当下”融合方式的另一个事例，请参阅 Langley（2013, Introduction）。

4 Quoted in Orrell (2012, 223).

5 Cohen 2010, 110.

6 如欲了解评论家如何评价乔恩 · 卡巴 - 金正念方法的狭隘性，请参阅 Pagnini and Philips（2015, 288-289）。

7 http://healthland.time.com/2012/01/11/mind-reading-jon-kabat-zinn-talks-about-bringing-mindfulness-meditation-to-medicine/; Kabat-Zinn 2004, xiii.

8 http://www.themindfulnessinitiative.org.uk/images/reports/Mindfulness-APPG-Report_Mindful-Nation-UK_Oct2015.pdf

9 Cohen 2010, 111; Crawford 2015, 3-27.

10 https://www.washingtonpost.com/lifestyle/magazine/pearls-before-breakfast-can-one-of-the-nations-great-musicians-cut-through-the-fog-of-a-dc-rush-hour-lets-find-out/2014/09/23/8a6d46da-4331-11e4-b47c-f5889e061e5f_story.html

11 我 20 岁时第一次接触了佛教冥想，当时参加了三宝佛教会（前身为西方佛教会之友）。我还曾体验过藏传佛教的噶举派，特别受到释一行作品的影响。

12 http://www.bloomberg.com/news/articles/2014-05-28/to-make-killing-on-wall-street-start-meditating

13 Cohen 2010, 112; Stanley 2012, 631-641; Hickey 2010, 174, 178.

14 http://www.salon.com/2014/12/06/mindfulness_truthiness_problem_sam_harris_science_and_the_truth_about_buddhist_tradition/

15 Stanley 2012, 638.

16 https://www.youtube.com/watch?v=HTfYv3IEOqM

17 Armstrong and Jackson 2015, 25-26, 30.

18 https://www.youtube.com/watch?v=3nwwKbM_vJc

19 Kabat-Zinn 2004, 47, 57, 63.

20 Corkin 2013, xii, 234.

21 Corkin 2013, 235.

22 Kringelbach 2009, 215.

23 正如乔恩·卡巴-金所说：“未来是一种概念，一种非常有用的概念。它让我念念不忘。过往和记忆也是一种概念，但展开我们生活的只有现在。如果我们可以有意识地沉浸在此时此刻之中，仿佛整个宇宙都变成了你的老师，一切阻隔都被消除了。”https://www.youtube.com/watch?v=3nwwKbM_vJc

24 Frankl 1973, 20.

25 我的著作《如何找到理想的工作》中曾讨论过如何发现具体任务（Krznaric 2012, see especially Chapter 6）。

26 Quoted in Thomas (2009, vii).

27 Frankl 1973, 32.

28 Frankl 1987, 35, 79.

29 Frankl 1973, 32.

30 Frankl 1973, 35-36.

31 Frankl 1987, 65.

32 Frankl 1973, 40.

33 Frankl 1987, 98.

34 Frankl 1973, 23, 33, 49.

35 Frankl 1973, 29, 73.

36 Frankl 1973, 31.

37 Tolle 2005, 28. 189.

38 Kabat-Zinn 2004, xvi.

39 http://www.soundstrue.com/podcast/transcripts/jon-kabat-zinn.php?camefromhome=camefromhome

40 Jamison 2004, 4.

41 Jamison 2004, 5-6.

42 Jamison 2004, 130-131.

43 Quoted in Jamison (2004, 11).

44 Partington, Partington and Olivier 2009, 176.

45 http://www.thecleanestline.com/2013/04/flow.html

46 http://www.theskooloflife.com/wordpress/wp-content/uploads/stokedforlife.pdf. 还可参阅 Stranger（1999, 269）了解韦恩·林奇。

47 Krznaric 2006, 11-30.

48 Csikszentmihalyi 2002, 3.

49 引自 Spangenburg and Moser (2004, 4-5)。

50 引自 Gleick (2012, 149)。

第七章 重拾即兴的自我

1 http://www.tikit.com/software/time-capture/

2 Smith-Laing, Whalen and Krznaric, 2015

3 http://rwe.org/chapter-vii-works-and-days/

4 Emerson 1995, 33.

5 http://www.theguardian.com/society/2014/dec/14/britons-learned-art-last-minute-living; http://lastminutecareers.com/spontaneity/

6 Przybylski et al 2013, 1841.

7 http://www.newstatesman.com/culture/2014/07/think-you-act-against-modern-cult-spontaneity

8 Przybylski et al 2013, 1846; http://mashable.com/2013/07/09/fear-of-missing-out/#vCQ.8vfMpaqB

9 Przybylski et al 2013, 1841, 1845.

10 Krznaric 2011, 7.

11 Fromm 1960, 222-223.

12 Berger 1965, 11.

13 Staller 2001, 6.

14 Berger 1965, 33.

15 Collins and Carter 2001, 3.

16 http://www.nytimes.com/1996/05/29/arts/organ-improvisation-as-an-art-form.html

17 类似于中国早期思想“训练的即兴”（Puett and Gross-Loh 2016, 146）。

18 Vasari 2008, 425.

19 Krznaric 2011, 253-279.

20 Johnstone 2007, 96.

21 Johnstone 2007, 92, 95.

22 Poynton 2013, 17.

23 Poynton 2013, 20.

24 Johnstone 2007, 99.

25 Hemingway 2000, 9.

26 Gannon and Pillai 2013, 559.

27 Levine 2006, 131-132.

28 Gannon and Pillai 2013, 558.

29 Quoted in Foster (2003, 74).

30 Quoted in Foster (2003, 81).

31 Foster 2003, 73.

32 Mason 1995, 123-124.

33 http://www.independent.co.uk/sport/football/international/menezes-sets-brazil-quest-for-old-style-7466751.html

34 Robb 2004, 22-29.

35 Krznaric 2011, 186.

36 http://www.script-o-rama.com/movie_scripts/r/room-with-a-view-script.html

37 https://www.youtube.com/watch?v=wZsj8yuaBKA

第八章 我选故我在

1 Locke 1690, Chapter 2, Section 56.

2 McMahon 2006, 10-12.

3 McMahon 2006, 104, 176-177, 204.

4 Krznaric 2011, 88-91; McMahon 2006, 104, 176-177, 204, 219-221, 356-359; Arendt 1989, 14-16; Haybron 2013, 19-23.

5 例如，哲学家加里·考克斯曾写过关于存在主义的著作，与“活在当下”建立了明确的联系，最后的结语写道：“作为一名真正的存在主义者，应该为人真诚、珍惜自由，活在当下。高贵的罗马人曾常说‘活在当下’。”（Cox 2011, 106）.

6 Sartre 1946, 16.

7 De Beauvoir 2015, 14-15.

8 Sartre 1946, 16; de Beauvoir 2015, 78; Flynn 2006, 78-70.

9 Russell 1984, 683.

10 在过去几年，森经常在自己的学术论文中引用贺拉斯的言论，甚至在诺贝尔奖获奖感言中也提到了贺拉斯。不过，我没找到任何记录能够证明他曾直接引用过《颂诗十一篇》。

11 Sen 1999, 282, 298.

12 这些基础信息映射出森所列举的“重要的工具性自由”：经济机会、政治自由、公共设施、公正透明与安全保障（Sen 1999, xii）。

13 De Beauvoir 1997, 445-447; Bakewell 2016, 216.

14 Seneca 1932, Section 16.

15 Quoted in Steel (2007, 67).

16 Steel 2007, 65.

17 Steel 2007, 65-66.

18 Steel 2007, 67, 73-84；还可参阅 Burka and Yuen（2008, xiii, 6, 19）.

19 Schwartz 2005, 3.

20 Schwartz 2005, 5.

21 Kahneman 2011, 283-286; Kringelbach and Phillips 2014, 158-160.

22 Kahneman 2011, 130.

23 Smith 2007, 1-17; Adams 2001, 15-17.

24 Beckett 2006, 87.

25 Frankl 1973, 108, 89, 39.

26 哲学家张美露在 TED 中做了《如何做出艰难抉择》的演讲，认为选择反映了你的“目的”（2014）：https://www.ted.com/talks/ruth_chang_how_to_make_hard_choices?language=en

27 Quoted in Cox (2011, 5).

28 如欲深入了解“具体目标”的概念，请参阅 Sartre（1969, 564-567）和 Bakewell（2016, 215）.

29 Sartre 1946, 7, 9; Yalom 1991, 8.

30 引自 Arendt (1989, 175).

31 Chang 2014.

32 Flynn 2006, 72-78; Sartre 1978, 54-55.

33 Sartre 1946, 14.

34 Camus 2005, 60-61.

35 Burka and Yuen 2008, 289.

36 Krznaric 2012, 75-85.

37 Ibarra 2004, xii, 18.

38 如欲了解对启蒙运动理性思考的精彩点评，请参阅 Gladwell（2006,

141），他强调“真正成功的抉择来自理性与感性之间的平衡”。

39 主要参阅蒙田的文章《论体验》(Montaigne 1958, 343-406)。

40 Nicholl 2005, 7.

41 Jay 2006, 10.

42 1842 年 11 月 11 日爱默生的日记 http://www.perfectidius.com/Volume_6_1842-1844.pdf

43 Fromm (1981, 95).

44 http://www.mama.org/exhibits/modernist/sculpture/giacometti/. 我认为这是存在主义的一种表达。

后记：“活在当下”曼陀罗

1 Horace 2000, 108.

2 Baggini 2005, 135.

3 Yalom 1980, 8-9.

4 Lanier 2011, 16; www.edge.org/q2010/q10_9.html

5 http://www.nybooks.com/articles/2010/11/25/generation-why/

6 https://archive.org/stream/mansupermancomed00shawrich/mansupermancomed00shawrich_djvu.txt

进一步阅读

further reading

Adams, John (2001) *Risk* (London,Routledge).

Adorno, Theodor and Max Horkheimer (1997) *Dialectic of Enlightenment* (London,Verso).

Anderson,William S. (1992) 'Horace's Different Recommenders of "Carpe Diem" in C.1.4, 7, 9, 11',*The Classical Journal*, Vol.88 No.2:115-122.

Angelou,Maya (2004) *The Collected Autobiographies of Maya Angelou* (New York, Modern Library).

Angelou, Maya (2009) *Letter to My Daughter* (London,Virago).

Arendt, Hannah (1989) *The Human Condition* (Chicago, University of Chicago Press).

Ariès, Philippe (2008) *The Hour of Our Death* (New York, Vintage).

Armstrong, Alison and Tim Jackson (2015) 'The Mindful Consumer: Mindfulness Training and the Escape from Consumerism', a report for

Friends of the Earth, Big Ideas Project, London.

Arsenault, Darin J. and Tamer Fawzy (2001) 'Just Buy It: Nike Advertising Aimed at Glamour Readers: A Critical Feminist Analysis', *Tamara: Journal of Critical Postmodern Organization*, Vol. 1 Issue 2: 63-76.

Aurelius, Marcus (2006) *Meditations*, translated by Martin Hammond (London, Penguin).

Baggini, Julian (2005) *What's It All About? Philosophy and the Meaning of Life* (London, Granta).

Bakewell, Sarah (2016) *At The Existentialist Café*: Freedom, Being and Apricot Cocktails (London, Chatto & Windus).

Baumeister, Roy and John Tierney (2012) *Willpower*: Why Self-Control is the Secret to Success (London, Penguin).

Beard, Mary (2010) *Pompeii: The Life of a Roman Town* (London, Profile Books).

Beckett, Samuel (2006) *Waiting for Godot* (London, Faber and Faber).

Behtash, Esmail Z. (2012) 'The Reception of FitzGerald's Rubáiyát of'Umar Khayyām by the Victorians', in A.A. Seyed-Gohrab (ed) *The Great Umar Khayyām: A Global Reception of the Rubáiyát* (Leiden, Leiden University Press): 203-14.

Bellow, Saul (2001) *Seize the Day* (London, Penguin).

Berger, John (1965) *Success and Failure of Picasso* (Harmondsworth, Penguin).

Berger, John (1972) *Ways of Seeing* (London, BBC Books and Harmondsworth, Penguin).

Blackburn, Simon (2004) *Lust* (Oxford, Oxford University Press).

Bourdieu, Pierre (1998) *On Television* (New York, New Press).

Buckley, David (2005) *Strange Fascination: David Bowie, The Definitive Story* (London, Virgin Books).

Burka, Jane and Lenora Yuen (2008) *Procrastination: Why You Do It, What to Do About It Now* (Cambridge MA, Da Capo Press).

Burton, Richard (1963) *The Perfumed Garden of the Shaykh Nefzawi* (London, Panther).

Burton, Robert (1838) *The Anatomy of Melancholy* (London, B. Blake).

Camus, Albert (2005) *The Myth of Sisyphus* (London, Penguin).

Cannadine, David (1984) 'The Victorian Sex Wars', *New York Review of Books*, February 2: 1-9.

Canetti, Elias (1962) *Crowds and Power* (London, Victor Gollancz).

Castells,Manuel(2015) *Networks of Outrage and Hope: Social Movements in the Internet Age* (Cambridge, Polity).

Castells, Manuel and Mukul Kumar (2014) 'A Conversation With Manuel Castells', *Berkeley Planning Journal*, Vol. 27 No. 1: 93-99.

Center for Applied Research (1999) 'Nike's "Just Do It" Advertising Campaign', Philadelphia PA.

Chang,Ruth(2014)'How to Make Hard Choices', TED Talk, https://

www.ted.com/talks/ruth_chang_how_to_make_hard_choices?language=en

Cohen, Elliot (2010) 'From the Bodhi Tree, to the Analyst's Couch, then to the MRI Scanner: The Psychologisation of Buddhism', *Annual Review of Critical Psychology*, Vol. 8: 97-119.

Coleridge, Samuel Taylor (1991)*Coleridge Among the Lakes & Mountains* (London, The Folio Society).

Colish, Marcia L. (1985) *The Stoic Tradition from Antiquity to the Early Middle Ages, Volume II: Stoicism in Christian Latin Thought through the Sixth Century* (Leiden, E. J. Brill).

Collins, Michael and Stewart A. Carter (2001) 'Improvisation §II: Western Art Music' in Sadie Stanley and John Tyrrell (eds) *The New Grove Dictionary of Music and Musicians* (New York, Oxford University Press): 1-34.

Coombs, Danielle Sarver (2014) 'Nike: Goddess of Victory, Gods of Sport' in Danielle Sarver Coombs and Bob Batchelor, *We Are What We Sell: How Advertising Shapes American Life...And Always Has* (Santa Barbara, Praeger).

Cooper, Artemis (2013) *Patrick Leigh Fermor: An Adventure* (London, John Murray).

Corkin, Suzanne (2013) *Permanent Present Tense: The Man With No Memory, and What He Taught the World* (London, Allen Lane).

Cox, Gary (2011) *How To Be An Existentialist* (London, Continuum).

Crawford, Matthew (2015) *The World Beyond Your Head: How to*

Flourish in an Age of Distraction (London, Viking).

Csikszentmihalyi, Mihaly (2002) *Flow: The Classic Work on How to Achieve Happiness* (London, Rider).

Dabhoiwala, Faramerz (2013) *The Origins of Sex: A History of the First Sexual Revolution* (London, Penguin).

Darwin, Charles, (1977) *The Voyage of the 'Beagle'* (London, JM Dent & Sons).

De Beauvoir, Simone (1997) *The Second Sex* (London, Vintage).

De Beauvoir, Simone (2015) *The Ethics of Ambiguity* (New York, Open Road).

Debord, Guy (2010) *Society of the Spectacle* (Detroit, Black & Red).

De Quincey (1862a) *Confessions of an English Opium-Eater: De Quincey's Works Volume I* (Edinburgh, Adam and Charles Black).

De Quincey (1862) *Coleridge and Opium Eating, and Other Writings: De Quincey's Works Volume XI* (Edinburgh, Adam and Charles Black).

Duncan, Ronald (1964) *All Men Are Islands: An Autobiography* (London, Rupert Hart-Davis).

Dunstan, D. W., E. L. Barr, G. N. Healy, J. Salmon, J. E. Shaw, B. Balkau, D. J. Magliano, A. J. Cameron, P. Z. Zimmet, N. Owen (2010) 'Television Viewing Time and Mortality: The Australian Diabetes, Obesity and Lifestyle Study (AusDiab)', *Circulation* Vol. 121: 384-391.

Eagleman, David (2009) *Sum: Forty Tales from the Afterlives* (Edinburgh, Canongate).

Edwards, John (1988) *The Roman Cookery of Apicius* (Rider Books, London).

Ehrenreich, Barbara (2006) *Dancing on the Street: A History of Collective Joy* (New York, Metropolitan Books).

Emerson, Ralph Waldo (1995) *Essays and Poems* (London, J.M.Dent).

Ewen, Stuart (1996) *PR! A Social History of Spin* (New York, Basic Books).

Eyres, Harry (2013) *Horace and Me: Life Lessons from an Ancient Poet* (London, Bloomsbury).

Fagan, Garrett (2002) *Bathing in Public in the Roman World* (Ann Arbor, The University of Michigan Press).

Fanon, Frantz (1963) *The Wretched of the Earth, with a preface by Jean-Paul Sartre* (New York, Grove Press).

Fisher, M. F. K. (1963) *The Art of Eating* (London, Faber & Faber).

FitzGerald, Edward (2014) *The Rubaiyat of Omar Khayyam* (Oxford, Bodleian Library, University of Oxford).

Flesher Fominaya (2014) *Social Movements and Globalization: How Protests, Occupations and Uprisings are Changing the World* (Basingstoke, Palgrave Macmillan).

Flesher Fominaya(2015)'Debunking Spontaneity: Spain's 15-M/ Indignados as Autonomous Movement', *Journal of Social, Cultural and Political Protest*, Vol.14 No.2: 142-163.

Flynn, Thomas A. (2006) *Existentialism: A Very Short Introduction*

(Oxford, Oxford University Press).

Foster, Kevin (2003) 'Dreaming of Pelé: Football and Society in England and Brazil in the 1950s and 1960s', *Football Studies*, Vol. 6 No.1: 70-86.

Foucault, Michel (1979) *Discipline and Punish: The Birth of the Prison* (London, Penguin).

Foucault, Michel (1990) *The History of Sexuality:Volume1, An Introduction* (London, Penguin).

Frankl, Viktor (1973) *Psychotherapy and Existentialism: Selected Papers on Logotherapy* (Harmondsworth, Penguin).

Frankl, Viktor (1987) *Man's Search for Meaning: An Introduction to Logotherapy* (London, Hodder & Stoughton).

Freeman, Walter J. (2000) 'A Neurobiological Role of Music in Social Bonding' in N. Wallin, B. Merkur and S. Brown (eds), *The Origins of Music* (Cambridge, MA, MIT Press): 411-424.

Fromm, Erich (1960) *Fear of Freedom* (London, Routledge).

Fromm, Erich (1981) *To Have or To Be?* (New York, Bantam Books).

Gannon, Martin J. and Rajnandini Pillai (2013) *Understanding Global Cultures: Metaphorical Journeys Through 31 Nations, Clusters of Nations, Continents and Diversity* (Los Angeles, Sage).

Gay, Peter (1984) *Education of the Senses: The Bourgeois Experience, Victoria to Freud* (New York, Oxford University Press).

Gerassi, John (1989) *Jean-Paul Sartre: Hated Conscience of His*

Century, Volume 1: Protestant or Protester? (Chicago, University of Chicago Press).

Gilead, Sarah (1985) "Ungathering Gather Ye Rosebuds: Herrick's Misreading of Carpe Diem", *Criticism: A Quarterly for Literature and the Arts*, Vol. 27 No.2: 133-153.

Gladwell, Malcolm (2006) *Blink: The Power of Thinking Without Thinking* (London, Penguin).

Gleick, James (2012) *The Information: A History, A Theory, A Flood* (London, Fourth Estate).

Goffman, Erving (1956) *The Presentation of Self in Everyday Life* (Edinburgh, University of Edinburgh Social Science Research Centre).

Graeber, David (2013) *The Democracy Project: A History. A Crisis. A Movement.* (London, Penguin).

Gray, Erik (2013) 'Common and Queer: Syntax and Sexuality in the Rubáiyát' in Adrian Poole, Christine van Ruymbeke, William H. Martin and Sandra Mason (eds) *FitzGerald's Rubáiyát: Popularity and Neglect* (London, Anthem Press): 27-43.

Green, Marcus E. (2015) 'Gramsci and Subaltern Struggles Today: Spontaneity, Political Organization, and Occupy Wall Street' in Mark McNally (ed) *Antonio Gramsci* (New York, Palgrave): 1-22.

Greenfield, Kent (2012) *The Myth of Choice: Personal Responsibility in a World Without Limits* (London, Biteback Publishing).

Grimm, R. E. (1963) 'Horace's "Carpe Diem"', *The Classical Journal*,

Vol. 58 No. 7: 313-318.

Grund,Jean-Paul and Joost Breeksema (2013) 'Coffee Shops and Compromise: Separated Illicit Drug Markets in the Netherlands', Global Drug Policy Program, Open Society Foundations, New York.

Haybron, Daniel (2013) *Happiness: A Very Short Introduction* (Oxford, Oxford University Press).

Helstein, Michelle T. (2003) 'That's Who I Want To Be: The Politics and Production of Desire Within Nike Advertising to Women', *Journal of Sports and Social Leisure*, Vol. 27 No. 3: 276-292.

Hemingway, Ernest (2000) *Fiesta: The Sun Also Rises* (London, Vintage).

Hennezel, Marie de (2012) *Seize the Day: How the Dying Teach Us to Live* (London, Macmillan).

Hickey, Wakoh Shannon (2010) 'Meditation As Medicine: A Critique', *Crosscurrents*, Vol. 60 No. 2: 168-184.

Hobsbawm, Eric (1995) *The Age of Extremes: The Short Twentieth Century* 1914-1991 (London, Abacus).

Hobsbawm, Eric (2003) *Interesting Times: A Twentieth-Century Life* (London, Abacus).

Hogg, Michael and Graham Vaughan (2005) *Social Psychology, 4th Edition* (Harlow, Pearson Education).

Ibarra, Herminia (2004) *Working Identity: Unconventional Strategies for Reinventing Your Career* (Cambridge MA, Harvard Business School

Press).

Holmes, Richard (1989) *Coleridge: Early Visions* (London, Hodder & Stoughton).

Holmes,Richard(1998)*Coleridge:Darker Reflections* (London, HarperCollins).

Horace (2000) *The Complete Odes and Epodes, translated by David West* (Oxford, Oxford University Press).

Hyde, Lewis (2006) *The Gift: How the Creative Spirit Transforms the World* (Edinburgh, Canongate).

Iglesias, Pablo (2015) 'Spain On Edge', *New Left Review*, Vol. 93 May-June: 1-10.

Inglehart, Ronald and Christian Welzel (2005) *Modernization, Cultural Change and Democracy: The Human Development Sequence* (Cambridge, Cambridge University Press).

Irvine, William (2009) *A Guide to the Good Life: The Ancient Art of Stoic Joy* (Oxford, Oxford University Press).

Jamison, Kay Redfield (2004) *Exuberance: The Passion for Life* (New York, Vintage).

Jay, Martin (2006) *Songs of Experience: Modern American and European Variations on a Universal Theme* (Berkeley, University of California Press).

Jenkins, Alan (1974) *The Twenties* (London, Book Club Associates).

Johnstone, Keith (2007) *Impro: Improvisation and the Theatre*

(London, Methuen).

Josephson, Matthew (1962) *The Robber Barons: The Great American Capitalists* 1861-1901 (London, Eyre & Spottiswoode).

Kabat-Zinn, Jon (2004) *Wherever You Go There You Are: Mindfulness Meditation for Everyday Life* (London, Piatkus).

Kahneman, Daniel (2011) *Thinking, Fast and Slow* (London, Allen Lane).

Kaiser Family Foundation (2010) 'Generation M2: Media in the Lives of 8-to 18-Year-Olds', Kaiser Family Foundation Study (Menlo Park, California).

Katz, Donald (1994) *Just Do It: The Nike Spirit in the Corporate World* (Holbrook MA, Adams Media Corporation).

Kenney, Padraic (2003) *A Carnival of Resistance: Central Europe* 1989 (Princeton, Princeton University Press).

Kim, Yeong-Hyun and John Rennie Short (2008) *Cities and Economies* (Abingdon, Routledge).

Klein, Daniel (2015) *Every Time I Find the Meaning of Life They Change It* (London, Oneworld).

Klein, Naomi (2014) *This Changes Everything: Capitalism vs. The Climate* (New York, Simon & Schuster).

Kringelbach, Morten (2009) *The Pleasure Centre: Trust Your Animal Instincts* (Oxford, Oxford University Press).

Kringelbach, Morten and Helen Phillips (2014) *Emotion: Pleasure and*

Pain in the Brain (Oxford, Oxford University Press).

Kropotkin, Peter (1978) *Memoirs of a Revolutionist* (London, The Folio Society).

Krznaric, Roman (2001) 'Mortgaged Democracy' in Paul Barry Clarke and Joe Foweraker (eds) *The Encyclopedia of Democratic Thought* (London, Routledge): 449-452.

Krznaric, Roman (2006) *The First Beautiful Game: Stories of Obsession in Real Tennis* (Oxford, Ronaldson Publications).

Krznaric,Roman(2007)'How Change Happens: Interdisciplinary Perspectives for Human Development', an Oxfam Research Report (Oxford, Oxfam).

Krznaric, Roman (2011) *The Wonderbox: Curious Histories of How to Live* (London, Profile Books).

Krznaric, Roman (2012) *How to Find Fulfilling Work* (London, Macmillan).

Krznaric, Roman (2015) *Empathy: Why It Matters, and How to Get It* (London, Rider Books/Penguin Random House).

Krznaric, Roman, Christopher Whalen and Theodore Zeldin (eds) (2006) *Guide to an Unknown University* (Oxford, The Oxford Muse).

Kubey, Robert and Mihaly Csikszentmihalyi (1990) *Television and the Quality of Life: How Viewing Shapes Everyday Experience* (Hillsdale NJ, Lawrence Erlbaum).

Kubey, Robert and Mihaly Csikszentmihalyi (2003) 'Television is No

Mere Metaphor', *Scientific American Mind*: 48-55.

Kurosawa, Akira (1952) *Ikiru* (film).

Laing, R.D. (1967) *The Politics of Experience and the Bird of Paradise* (Harmondsworth, Penguin).

Langley, Martha (2013) *The Mindfulness Workbook* (London, McGraw-Hill Education).

Letcher, Andy (2006) *Shroom: A Cultural History of the Magic Mushroom* (London, HarperCollins).

Levine, David (2006) *A Geography of Time: The Temporal Misadventures of a Social Psychologist* (Oxford, Oneworld).

Lill, Anne (1997)'Carpe Diem: Hedonistic, Sceptical or Frightened', *Trames*, Vol. 1 (51): 109-124.

Locke, John (1690) *An Essay Concerning Human Understanding* (London, Eliz. Holt)

Loeb, Paul S. (2013) 'Eternal Recurrence' in Ken Gemes and John Richardson (eds) *The Oxford Handbook of Nietzsche* (Oxford, Oxford University Press).

Lucas, Shelley (2000) 'Nike's Commercial Solution: Girls, Sneakers and Salvation', *International Review for the Sociology of Sport*, Vol. 35 No.2: 149-164.

Machiavelli, Niccolò (1961) *The Prince* (London, Penguin).

Mander, Gerry (1978) *Four Arguments for the Elimination of Television* (New York, Quill).

Marsh, James (2008) *Man On Wire* (film).

Marshall, Peter (2008) *Demanding the Impossible: A History of Anarchism* (London, Harper Perennial).

Mason, Paul (2013) *Why It's Still Kicking Off Everywhere: The New Global Revolutions* (London, Verso).

Mason, Tony (1995) *Passion of the People? Football in South America* (London, Verso).

McCullin, Don(1992)*Unreasonable Behaviour: An Autiobiography* (London, Vintage).

McGann, Michael (2007) 'The Reception of Horace in the Renaissance' in Stephen Harrison (ed) *The Cambridge Companion to Horace* (Cambridge, Cambridge University Press): 305-317.

McMahon, Darrin (2006) *Happiness: A History* (New York, Grove Press).

Mierow, Herbert Edward (1917) 'Horace and Omar Khayyam', *The Classical Weekly*, Vol.11 No.3 (October 15): 19-21.

Mill, John Stuart and Jeremy Benthan (1987) *Utilitarianism and Other Essays* (London, Penguin).

Moldenhauer, Joseph J. (1968) 'The Voices of Seduction in "To His Coy Mistress": A Rhetorical Analysis', *Texas Studies in Literature and Language*, Vol. 10 No. 2: 189-206.

Montaigne, Michel de (1958) *Essays* (Harmondsworth, Penguin).

Moore, Lucy (2008) *Anything Goes: A Biography of the Roaring*

Twenties (London, Atlantic).

Moran, Joe (2013) *Armchair Nation: An Intimate History of Britain in Front of the TV* (London, Profile).

Morozov, Evgeny (2011) *The Net Delusion: How Not to Liberate the World* (London, Allen Lane).

Morris, Charles R. (2006) *The Tycoons: How Andrew Carnegie, John D. Rockefeller,Jay Gould, and J. P. Morgan Invented the American Supereconomy* (New York, Owl Books).

Morris, David and Jacqui Morris (2012) *McCullin* (film).

Muriqi, Luljeta (2007) 'Homoerotic codes in The Picture of Dorian Gray', A60 Literary Seminar, Department of English, Lund University.

Néret, Gilles (2015) *Gustav Klimt,* 1862-1918, (Cologne, Taschen).

Nicholl, Charles (2005) *Leonardo da Vinci: The Flights of the Mind* (London, Penguin).

Nielson (2016)'The Total Audience Report', Quarter 4, 2015, http://www.nielsen.com/us/en/insights/reports/2016/the-total-audience-report-q4-2015.html

Niemiec, Ryan M. and Stefan E. Schulenberg (2011) 'Understanding Death Attitudes: The Integration of Movies, Positive Psychology, and Meaning Management', *Death Studies*, Vol. 5 No.5: 387-407.

Notes from Nowhere (ed) (2003) *We Are Everywhere: The Irresistible Rise of Global Anticapitalism* (London, Verso).

Noyes, Russell (1980)'Attitude Change Following Near-Death

Experiences', *Psychiatry*, Vol. 43 (August): 234-242.

Orlowski, Alexander P. (2007),'Television Consumption and Civic Engagement Among 15 to 25 Year Olds', The Center for Information & Research on Civic Learning, Tufts University, Medford, MA.

Orrell, David (2012) *Economyths: How The Science of Complex Systems is Transforming Economic Thought* (London, Icon Books).

Ortiz, Isabe, Sara Burke, Mohamed Berrada and Hernán Cortés (2013) 'World Protests 2006-2013', Initiative for Policy Dialogue, Columbia University and Friedrich-Ebert-Stiftung New York, Working Paper 2013.

Owen, Neville, Genevieve N. Healy, Charles E. Matthews, and David W. Dunstan (2010)'Too Much Sitting: The Population-Health Science of Sedentary Behavior', *Exercise Sports Scientific Review*, Vol. 38 No. 3: 105-113.

Packard, Vance (1960) *The Hidden Persuaders* (Harmondsworth, Penguin).

Paddock, Catharine (2010) 'Prolonged TV Viewing Linked to Higher Risk of Death Even in Regular Exercisers', *Medical News Today*, 12th January.

Pagnini, Francesco and Deborah Philips (2015) 'Being Mindful About Mindfulness', *The Lancet Psychiatry* Vol.2 No.4 (April): 288-289.

Papadimitropoulos, Panagiotis (2009) 'Psychedelic Trance: Ritual, Belief and Transcendental Experience in Modern Raves', *Durham Anthropology Journal*, Vol. 16. No.2: 67-74.

Partington, Sarah, Elizabeth Partington and Steve Olivier (2009) 'The Dark Side of Flow: A Qualitative Study of Dependence in Big Wave Surfing', *The Sports Psychologist* Vol. 23: 170-185.

Pater, Walter (1924) *The Renaissance: Studies in Art and Poetry* (London, Macmillan).

Paz, Octavio (1967) *The Labyrinth of Solitude: Life and Thoughts in Mexico* (London, Allen Lane).

Penaloza, Lisa (1998) 'Just Doing It: A Visual Ethnographic Study of Spectacular Consumption Behavior at Nike Town', *Consumption, Markets and Culture*, Vol. 2 No. 4: 337-465.

Phillips, D. Z. (1981) 'Bad Faith and Sartre's Waiter', *Philosophy*, Vol. 56 Issue 215: 23-31.

Poynton, Robert (2013) *Do Improvise: Less Push. More Pause. Better Results. A New Approach to Work (and Life)* (London, Do Book Company).

Prose, Francine (2003) *Glulttony* (Oxford, Oxford University Press).

Przybylski, Andrew, Kou Murayama, Cody DeHaan and Valerie Gladwell (2013), 'Motivational, emotional and behavioural correlates of fear of missing out', *Computers in Human Behaviour*, Vol. 29, June: 1841-1848.

Puett, Michael and Christine Gross-Loh (2016) *The Path: A New Way of Thinking About Everything* (London, Viking).

Pugh, Martin (1990) *The Making of Modern British Politics* (Oxford, Basil Blackwell).

Rifkin, Jeremy (2014) *The Zero Marginal Cost Society: The Internet of Things, The Collaborative Commons, and the Eclipse of Capitalism* (New York, Palgrave Macmillan).

Ring, Kenneth (1996) 'Near-Death Experiences: Implications for Human Evolution and Planetary Transformation' in Lea W. Bailey and Jerry Yates (eds) *The Near-Death Experiene: A Reader* (New York, Routledge).

Robb, Peter (2004) *A Death In Brazil: A Books of Omissions* (London, Bloomsbury).

Rosenthal, Edward (2005) *The Era of Choice: The Ability to Choose and its Transformation of Everyday Life* (Cambridge MA, MIT Press).

Russell, Bertrand (1984) *A History of Western Philosophy* (London, Unwin).

Salecl, Renata (2010) *Choice* (London, Profile Books).

Sarotte, Mary Elise (2015) *The Collapse: The Accidental Opening of the Berlin Wall* (New York, Basic Books).

Sartre, Jean-Paul (1946) *Existentialism Is A Humanism* https://www.marxists.org/reference/archive/sartre/works/exist/sartre.htm.

Sartre, Jean-Paul (1969) *Being and Nothingness* (London, Methuen).

Sartre, Jean-Paul (1978) *Sartre By Himself* (New York, Urizen Books).

Schwartz, Barry (2005) *The Paradox of Choice: Why More Is Less* (New York, Harper Perennial).

Scott, James (2012) *Two Cheers for Anarchism: Six Easy Pieces on Autonomy, Dignity, and Meaningful Work and Play* (Princeton, Princeton University Press).

Sen, Amartya (1999) *Development As Freedom* (New York, Alfred A. Knopf).

Seneca, Lucius Annaeus (1932) 'On The Shortness of Life', translated by John W. Basore, Loeb Classical Library (London, William Heinemann).

Sennett, Richard (1986) *The Fall of Public Man* (London, Faber and Faber).

Shorto, Russell (2014) *Amsterdam: A History of the World's Most Liberal City* (New York, Vintage).

Skocpol, Theda and Vanessa Williamson (2011) *The Tea Party and the Remaking of Republican Conservatism* (New York, Oxford University Press).

Smiles, Samuel (1968) *Self-Help: The Art of Achievement Illustrated by Accounts of the Lives of Great Men* (London, Sphere Books).

Smith, Roderick (2007) 'Carpe Diem: The Dangers of Risk Aversion', The 2007 Lloyd's Register Educational Trust Lecture (London, The Royal Academy of Engineering).

Smith-Laing, Tim, Christopher Whalen and Roman Krznaric (2015) *Carpe Diem Database* (electronic file, unpublished).

Solomon, Sheldon, Jeff Greenberg and Tom Pyszczynski (2015) *The Worm at the Core: On the Role of Death in Life* (London, Allen Lane).

Sorabji, Richard (2000) *Emotion and Peace of Mind: from Stoic agitation to Christian temptation* (Oxford, Oxford University Press).

Spangenburg Ray and Kit Moser (2004) *Carl Sagan: A Biography*

(Westport, CT, Greenwood Press).

Staller, Natasha (2001) *A Sum of Destructions: Picasso's Cultures and the Creation of Cubism* (New Haven, Yale University Press).

Stanley, Steven (2012)'Mindfulness: Towards A Critical Relational Perspective', *Social and Personality Psychology Compass*, Vol. 6 No. 9: 631-641.

Steel, Piers (2007) 'The Nature of Procrastination: A Meta-Analytic and Theoretical Review of Quintessential Self-Regulatory Failure', *Psychological Bulletin* Vol. 133 No.1: 65-94.

Stranger, Mark (1999) 'The Aesthetics of Risk: A Study of Surfing', *International Review for the Sociology of Spor*t, Vol. 34 No. 3: 265-276.

Tedeschi, Richard G. and Lawrence G. Calhoun (2004) 'Posttraumatic Growth: Conceptual Foundations and Empirical Evidence', *Psychological Inquiry*, Vol. 15 No.1: 1-18.

Thomas, Keith (2009) *The Ends of Life: Roads to Fulfilment in Early Modern England* (Oxford, Oxford University Press).

Thompson, E. P. (1968) *The Making of the English Working Class* (Harmondsworth, Penguin).

Thoreau, Henry David (1986) *Walden and Civil Disobedience* (New York, Penguin Books).

Tolle, Eckhart (2005) *The Power of Now: A Guide to Spiritual Enlightenment* (London, Hodder and Stoughton).

Tolstoy, Leo (1960) *The Death of Ivan Ilych and Other Stories* (New

York, Signet).

Van Gelder, Sarah (ed) (2011) *This Changes Everything: Occupy Wall Street and the 99% Movement* (San Francisco, Berrett-Koehler).

Vaneigem, Raoul (2012) *The Revolution of Everyday Life* (Oakland, CA, PM Press).

Vasari, Giorgio (2008) *The Lives of the Artists* (Oxford, Oxford University Press).

Veenhoven, Ruut (2003)'Hedonism and Happiness', *Journal of Happiness Studies*, Vol. 4: 437-457.

Veerman, J. Lennert, Genevieve N. Healy, Linda J. Cobiac, Theo Vos, Elisabeth A. H. Winkler, Neville Owen and David W. Dunstan (2011) 'Television Viewing Time and Reduced Life Expectancy: A Life Table Analysis', *British Journal of Sports Medicine*, doi:10.1136/bjsm.2011.085662.

Walton, Stuart (2002) *Out of It: A Cultural History of Intoxication* (London, Penguin).

Ward, Colin (2004) *Anarchism: A Very Short Introduction* (Oxford, Oxford University Press).

Weber, Max (1958) *The Protestant Ethic and the Spirit of Capitalism* (New York, Charles Scribner's Sons).

Wilde, Oscar (1985) *The Picture of Dorian Gray* (London, Penguin).

Wolfe, Tom (1989) *The Electric Kool-Aid Acid Test* (London, Black Swan).

Woodcock, George and Ivan Avakumović (1971) *The Anarchist Prince: Peter Kropotkin* (New York, Schocken Books).

Yalom, Irvin (1980) *Existential Psychotherapy* (New York, Basic Books).

Yalom, Irvin (1991) *Love's Executioner: and Other Tales of Psychotherapy* (London, Penguin).

Young, Damon (2008) *Distraction* (Durham, Acumen).

Zaretsky, Robert (2013) *A Life Worth Living: Albert Camus and the Quest for Meaning* (Cambridge MA, Belknap Press).

Zeldin, Theodore (1993) *A History of French Passions, Volume 1: Ambition, Love and Politics* (Oxford, Oxford University Press).

Zinn, Howard (1995) *A People's History of the United States, 1492-Present* (New York, HarperPerennial).

支持人

s u p p o r t e r s

18 世纪末 19 世纪初，“活在当下”是当时的流行哲学。在现在的网络时代，我们又把它复活了。这本书写出了作者的真实想法，也获得了众多读者的追捧和支持。

下面列出的这些名字，都是这本书的忠实读者，是他们的支持让这本书得以出版。

Rebecca Abrams
Alhassan Adam
Frederika Adam
Christine Adams
Laurence Adams
Ellie Agrebi
Jo Ahern
Danny Almagor
Gareth Andrews
Manolis Andriotakis
Jessica Arroyo
Alec Ash
Charlotte Ashbee
James Attlee

Reuben Avis-Anciano
Nenad Bach
Nick Baker
Nick & Tash Baker
Alan Baker & Shelley Costa
Jason Ballinger
Jack & Reuben Baltzer
Adele Barlow
Anthony Barnett
Adela Barrio
Michael Barylak
Austin Barzetti
Atty Bax
Andy Bell
Sonia Bell
Charlie Bennett
Tina Bernstein
Angelica Berrie
Supporters
Heather Bignold
Kate Bingham
Carolyn Deere Birkbeck
Jamie Blanck
Stefan Blaser
Eva Blechova
Ben Bleet
Kath Boddy
Iain Bonehill
Bil Bonnice
Richard Bradley
Mary Ellen Bratu
Anne Braybon
Teresa Brayshaw
Pip Brennan
Caroline Brimmer
Johanna Brinton
Julieann Brooker
Bryan Brown
Sarah Brown
Michael Bryan
Anthony Bunge
Beatriz Burin
Ipek S. Burnett
Jennie Butterworth
Abel Sampériz Callís
Tracey Camilleri

Aifric Campbell
Reinaldo Campos
Susan Canney
Marina Cantacuzino
Antonio Cantafio
Alicia Carey
Clare Carswell
Ita Mac Carthy
Gwynn Carver
Colin Cather
Elaine Chambers
Tom Chatfield
Andy Checker
Sarah Chilvers
Al Chisholm
Nobel Chowdhury
Christa Christensen
Anne Clark
Kevin Clisham
Annie Cogdell
Maurice Coles
David Conlisk
Wendy Constance

Alan Constantine
Carol Coombes
Sarah Corbett
Sarah Cornell
John Coss
Daphne Cotton
Fluffhead Cottontail
Kevin Covert
Gina Cowen
John Crawford
Daniel Crewe
Kate Croucher
Niall Curran
Natalie Dalkiran
Rajan Datar
Edward Davey
Brian Davidson
Nia Davies
Carina de Geest
Rachael de Moravia
Joanna Dennison
Lisa Denny
Surbhi Deva

Wayne Diamond &
Catherine Barber
Kate Dodgson
Samiro Douglas
Tom Douglas
Genevieve Douglass
Juliet Dowsett
Carpe Diem Regained
Anne Doyle
Brian Doyle
Felix Drewes
Paul Driver
Fuchsia Dunlop
Jane Durney
Christopher Eddie
Maggie Edelstein
Owen Edmondson
Scott Elliott-Brand
Sarah Ellis
Teresa Elwes
Jo Ely
Jon Emery
Jan Erola
Judith Escribano
James Etheridge
Ross Evans
Alissa Everett
Katie Faddy
Anne P. Fawcett
Sarah Fawssett
Dianali Rodríguez Fernández
Charles Fernyhough
Susannah Field
FiveBooks.com
John-Paul Flintoff
Maya Floyd
Chris Forse
Jilly Forster
Paul Forster
Emma Louise Fung
Lynda Fussell
Anita Galeazzi
Alex Yeung Galland
Hilary Gallo
Chris Gaskell
Peter Gatbonton

Esme Gaussen
Andrew Gaynor
Ted Geier
Andrew George
Sue Gerhardt
Gal Gibson
Ed Gillespie
Richard Gipps
Eliane Glaser
Elaine Godden
Danielle Goldstone
Carl Gombrich
Family Gormley & Ray
Marc Goulart
Jane Gould
Alistair Goulding
Jacqueline Graham
Peggptty Graham
Emmanuelle Granados
John Gray
Judith Green
Judy Greenwood
Bertina Greven
Mini Grey
Nanda Griffioen
Goranka Gudelj
Helena Gutmane
Siri Haavie
Tony Hagan
Megan Halligan
Matt Hameroff
Michael and Irena Hamilton
Emma Hancock
Stephen Hancock
Jacques Handelé
Rick Hanson
David Hare
Emily Harris
Sharon Harvey
Ronnie Hausheer
Frances Haysey
Tim Healing
Supporters
Andrew Hearse
David Hebblethwaite
Adriana Heinzen

Caspar Henderson
Benjamin Hennig
Alex Busby Hicks
Kat Busby Hicks
Faith Hill
Julia Hobsbawm
Liz Hodgson
Marijke Hoek
Matt Holland
Janet Holmes à Court AC
Alexis Hombrecher
Andy Homden
Sharon Horbyk
Valerie Houillon
Carol Howard
Stephen Humphreys
Abigail Hunt
Michele Hutchison
Robert Hutchison
Jeff Hutner
Warrick Isaachsen
Nina Iskra
Tony Ivanda
William Jarett
Murray Jason
Derek Jenkins
Jon Jenkins
Luke Jenner
Abi Johnson
Peter Johnson
Alice Jolly
David Jones
Sandra Joyce
Joey Katona
Tom Keith
Robert Kelsey
Dan Kieran
Ruth Killick
Seung Kuk Kim
Patrick Kincaid
Iain King
Isabel Melo King
Sarah Knott
Michaela Knowles
Jean Knox
Emma Konopka

Roselle Kovitz
Casimir Krznaric
Peter Krznaric
Siri Krznaric
Todd Landman
Eileen Laurie
Elizabeth Eva Leach
Peter Lefort
Luke Leighfield
Andy Letcher
Alexandra Lewis
David Lewis
Berry Liberman
Stewart Licudi
Larissa Lily
Don Limn
Jorge Limon
Jakob Lingg
James Lloyd
Nick Lloyd
Victoria Lloyd-Hughes
Kaj Lofgren
Eric Lonergan
Iain Lorriman
Karen Lott
Livia Lucheroni
Angelika Lueckert
Dragana Lukic
Sofija Lukic
Kate Lunn
Xiong Luong
Carpe Diem Regained
Mark Lynas
Andrew Macheta
Rob Machin
Karen Macmillan
YES! Magazine
James Maitland-Smith
Danijel Majhan
Gosia Makarczuk
Jubin Mama
Jill Mann
Ben Margolis
Fernando Martins
Roshana May
Colin McArthur

Monica McCarthy
Jeannine McCartney
Sally McColl
Jonathan McFarland
Alison McIntosh
Hannah McLeod
Kathryn McNicoll
Tyler McNish
Britta Meier
Nicki Meier
Vânia C. Mendes
Forrest Metz
Giannantonio Mezzetti
J.B. Miller
Jonny Miller
May Miller-Dawkins
John Mitchinson
Ronald Mitchinson
Virginia Moffatt
Marjolein Moonen
Dylan Mordike
Miguel Olmedo Morell
Eka Morgan
Annalise Moser
Rod Mountain
Richard Mulcahy
Paul Murphy
Ron Mutton
Lina Nahhas
Vijay Nathwani
Carlo Navato
LaWaune Netter
Jan Neufeld
Frank Newhofer
Alexander Nirenberg
Julia Noble
Caroline Norris
Marjan Novak
Dermot O'Kane
Rachael O'Meara
Cathy O'Neill
Kimba OftheJungle
Gregory Olver
Will Ord
Irina Paert
Lucia Palmero

Ilaria Parodi and Massimo Balestri
Adah Parris
Ken Parsonage
Clare Patey
Rosie Pearson
Jadranka Boban Pejić
Toby Peregrine-Jones
Philippa Perry
Dan Peters
Jamie Pett
New Philosopher
Roger Pilgrim
Jennifer Pirtle
Karey Pohn
Justin Pollard
Dior Popko
Gerard Popko
Hallina Popko
Jason Popko
Chase Popko-Fowler
Supporters
Tom Povey
Geesje Prins
Ben Pritchard
Philip Pullman
Janet Rabinowitz
David Rappuhn
Jenny Raworth
Kate Raworth
Richard Raworth
Louise Ray
Michael Ray
Lea Redmond
John Reed
Michele Ren
Fernanda Resende
Martin Reynolds
Tony Richards
Heikki Rintakumpu
George Roberts
Michael Robertson
Jonny Rodgers
Tobias Rodrigues
Phil Rogacki
Ben Ronaldson
Katrena Rose

Kitty Ross
Philip Rostant
Mark Russell
Fran Ryan
James Sabry
Manish & Claire Sadarangani
Graham Salisbury
Christoph Sander
Linda Sarah
Tebby Saunders
Vicky Saunders
Cynthia Savage
Sebastian Schleussner
The School of Life Antwerp
The School of Life Brasil
Anna Schroeder
Cordula Schuh
Robin Sen
Taryn Sexton
David Shaftel
Divyesh Shah
Nicole Shannon
Suzie Sheehy
Belinda Sherlock
Jackie Shonerd
Craig Simmons
Anjali Singh
Andrew Smith
Mary Smith
Gary Snapper
Cheryl Snell
Ben Solanky
Dave Sox
Utz Spaeth
Quentin Spender
John Sprackland
Julie St Clair Hoare
Kirsty Stanley
Richard Stanley
Garry Stannard
Rob Stead
Robin Steele
Jennifer Steven
David Stevens
Kitty Stewart
Martin Stott

Andrea Stringhini
Michelle Sutherland
Adam Swift
Sophia Swithern
Selma Tafro
Courtney Talbot
Paul Talbot
Doudy & Clea Tang
Marcia Tassinari
Sol Tatlow
Tot Taylor
Frank Michael Tedesco
Claire Thomas
Richard Thomas
Branden Thornhill-Miller
Rufus Thurston
Nat Tsolak
Irwin Turbitt
Lydie van de Laar – RebootTime
Frank Van Den Steen
Gijs van Hensbergen
Frank Vanaudenaerde
Craig Vaughton

Januschka Veldstra
Mark Vent
Mark Vernon
Nicolas Victoir
Caroline Vu
Christopher Wakling
Robert Walker
Stephen Walker
Martin Walsh
Mark Ware
Hugh Warwick
Laura Watcham
Colleen Waterston
Julie Watters
Charlotte Weatherley
Don Weir
Joshua Welensky
Christopher Whalen
Andrew Whitmore
Donie Wiley
Alex Wilks
Derek Williams
Andrew Wilson

John Wilson
Rob Wilson
Robyn Wilson-Smith
Ruth Winden
Jonathan Winter
Sarah Wisson
Hanna Wiszniewska
Jeff Wolfin
Gabrielle Wong
Rebecca Wrigley
Gerald Wyatt
Phil Yates
Peter Yeo
Jenny Yeong
Zachary York
Philip Young
Bella Zanesco
Cristina Zanetti

摆脱被动局面，

主动调整人生轨迹。

享讀者

WONDERLAND